完整居住社区建设
指南与实践

中国城市规划设计研究院

王 凯 刘晓丽 陈振羽 魏 维 编著

中国建筑工业出版社

图书在版编目（CIP）数据

完整居住社区建设指南与实践 / 王凯等编著 . —北京：中国建筑工业出版社，2022.6
ISBN 978-7-112-27560-1

Ⅰ．①完… Ⅱ．①王… Ⅲ．①社区—城市规划—研究
Ⅳ．①TU984.12

中国版本图书馆CIP数据核字（2022）第110643号

居住社区是城市居民生活和城市治理的基本单元。为建设安全健康、设施完善、管理有序的居住社区，2020年8月18日，住房和城乡建设部等13个部门联合印发《关于开展城市居住社区建设补短板行动的意见》，并发布《完整居住社区建设标准（试行）》作为开展居住社区建设补短板行动的主要依据。本书从完整居住社区提出的时代背景出发，深入阐述了完整居住社区的概念和内涵，并围绕六个建设目标和二十项建设内容，详细梳理了相关政策文件和规范标准要求，并结合地方社区建设补短板行动，总结形成了完整居住社区建设的典型案例和实践经验，为各地开展完整居住社区建设工作提供指引和参照。

责任编辑：费海玲
文字编辑：汪箫仪
书籍设计：张悟静
责任校对：张　颖

完整居住社区建设指南与实践
中 国 城 市 规 划 设 计 研 究 院
王　凯　刘晓丽　陈振羽　魏　维　编著

*
中国建筑工业出版社出版、发行（北京海淀三里河路9号）
各地新华书店、建筑书店经销
北京锋尚制版有限公司制版
北京富诚彩色印刷有限公司印刷
*
开本：889毫米×1194毫米　1/24　印张：8⅝　字数：178千字
2022年9月第一版　　2022年9月第一次印刷
定价：**88.00元**
ISBN 978-7-112-27560-1
（39472）

编委会

序言

　　城市承载着国家的经济命脉、代表着民族的文明水平，城市更是亿万居民赖以生存的空间，说到底，城市是由一个个人组成的社会。因此，人们在城市里的居住生活状况，是一个国家城市化、现代化水平的客观写照。

　　习近平总书记多次要求，坚持以人民为中心，把人民群众的获得感、幸福感和满意度作为检验工作成效的第一标准。要让人民群众在城市生活得更方便、更舒心、更美好，打造共建共治共享的社会治理格局。

　　组织好城市的居住功能和居民的生活空间，从来就是城市规划建设管理的核心话题。居住社区是城市居民生活和城市治理的基本单元，从单位大院到市场机制下的住宅区，标志着住宅建设方式的转变，更重要的是社会组织方式的革命性变化；从温饱阶段提高人均住宅面积，到全面小康背景下居住形式日趋多元化，不仅是住宅数量的增长，更关键的是居住需求的根本性变化。城市的"住"的功能和住宅的"宅"的功能，越来越透射出时代的新需求：超越数量的品质要求，超越物质空间的社会需求，超越迁徙客居的家园意识。

　　应对居住社区规模不合理、设施不完善、公共活动空间不足、物业管理覆盖面不高、管理机制不健全等突出问题和短板，厦门、沈阳等地探索开展了完整居住社区建设工作，通过建设完善的社区配套设施和公共服务设施，创造宜居的社区公共环境，营造体现地方特色的社区文化，构建了完整的环境体系、服务体系和治理体系，不仅满足了社区居民的基本生活需要，而且提高了居民的参与意识和归属感，有效地提升了基层治理的现代化水平。

　　完整居住社区建设是新时代城市工作的重要一步。建设完整居住社区，是对城市空间进行重构，以居民步行范围为基本尺度，保障这一范围内具备完整的设施环境、完备的生活服务、完善的管理机制，能够满足居住社区生活的基本需求；

是对社会进行重组，有助于修复社会关系，营造良好社会氛围，形成社区文化认同。同时，建设完整居住社区，也是在社区层面落实有效市场、有为政府原则的尝试，社区管理由政府主导向社会多方参与转变，既发挥政府在设施建设、基本服务中的兜底保障作用，也强调发挥居民和社会组织的主体作用，构建共建共治共享的社区治理体系，通过"美好环境与幸福生活共同缔造"，建设美丽家园，凝聚社会共识，塑造共同精神。

为贯彻落实党中央、国务院决策部署，满足新时代人民群众对美好生活的需求，指导各地统筹推进完整居住社区建设工作，2020年8月18日，住房和城乡建设部、教育部、工业和信息化部等13部门联合印发了《关于开展城市居住社区建设补短板行动的意见》（以下简称《意见》），并随文发布了《完整居住社区建设标准（试行）》，在总结厦门、沈阳等地实践探索的基础上，制定了《完整居住社区建设指南》，以指导各地开展完整居住社区建设工作。

自《意见》发布后，各地以建设安全健康、设施完善、管理有序的完整居住社区为目标，以完善居住社区配套设施为着力点，统筹协调各方意愿，因地制宜推进居住社区建设补短板行动，取得了显著成效。

实践证明，解决社区建设和治理难题必须建立系统性、整体性思维方式，必须构建统筹部门建设要求和领域资金资源的协同机制，必须搭建协调政府、企业、群众各方意愿的行动载体。完整居住社区建设的实践，充分吸收了国内外相关学术研究成果，把握时代需求和政策导向，是我国城市住房建设、空间营造以及社区治理的重要探索。

为全面解读完整居住社区建设的理念，系统总结地方实践工作的经验，在主管部门的指导下，中国城市规划设计研究院编撰了《完整居住社区建设指南与实践》。本书从完整居住社区提出的时代背景出发，深入阐述了完整居住社区的概念和内涵，并围绕六个建设目标和二十项建设内容，详细梳理了相关政策文件和规范标准的具体要求。更难得的是，书中优选了完整居住社区建设的典型案例，系统地介绍了各地的实践经验。是迄今为止内容最为全面，而且具有很强实用性的著作。作为一部理论与实践相结合的社区建设指引工具书，相信本书的出版一定能够对完整居住社区建设工作提供借鉴和帮助。

中国城市规划学会秘书长

2022年9月19日于北京

前言

习近平总书记指出："社区是基层基础，只有基础坚固，国家大厦才能稳固""社区是党和政府联系、服务居民群众的'最后一公里'"，强调"把社区建设好，把幼有所育、学有所教、劳有所得、病有所医、老有所养、住有所居、弱有所扶等目标实现好"，强调"要把更多资源、服务、管理放到社区，更好为社区居民提供精准化、精细化服务"。基于党和国家对于公共服务、社区建设、基层治理等决策部署的要求，补齐设施和管理短板，改善社区人居环境，建设安全健康、设施完善、管理有序的完整居住社区是当前民生工程的重要内容。建设完整居住社区是适应新时代发展需求，落实国家发展战略，实现改善民生福祉的重要实践之一。

"完整社区"建设是住房和城乡建设部2020年9个重点工作之一，前期研究工作从2019年初就开始了，编制组从"完整社区"的概念溯源、案例分析、国家政策解读、建设标准等方面启动了研究工作。2020年以来，编制组结合线上问卷调研、线下案例调研，深入开展了完整居住社区建设标准、完整居住社区建设指南一系列研究工作，编制形成《完整居住社区建设标准（试行）》《完整居住社区建设指南》等成果，在总结地方实践经验的基础上，为推动完整居住社区建设工作发挥了技术支撑作用。

编制组将完整居住社区系列研究成果整理成书，希望在现行技术标准的基础上，为居住区规划与社区建设工作提供从理论到实践、从标准到实施的技术支撑。本书围绕完整居住社区的建设方向、建设内容、实践案例及实践经验，系统地阐述了完整居住社区建设工作的目标以及具体的工作内容和方法。以期通过本书的出版，为地方建设主管部门、社区规划师、基层工作者提供翔实生动的经验借鉴，从而更好地发挥《完整居住社区建设指南》对社区建设和改造的指引作用，共同为塑造美好人居环境的目标添砖加瓦。

目录

第一章　完整居住社区建设方向　　010

　　1　完整居住社区的发展背景　　012
　　2　完整居住社区的基本内涵　　020
　　3　完整居住社区的基本要求　　023

第二章　完整居住社区建设指南　　032

　　1　基本公共服务设施完善　　034
　　2　便民商业服务设施健全　　063
　　3　市政配套基础设施完备　　072
　　4　公共活动空间充足　　092
　　5　物业管理全覆盖　　099
　　6　社区管理机制健全　　108

第三章　完整居住社区建设实践　　122

　　1　建设实践案例　　124
　　2　建设实践经验　　168

第四章　专家观点　　　　174

1　补齐居住社区建设短板　培育发展内生动力　王凯　　　176

2　以完整居住社区建设驱动社区治理　李郇　　　180

3　关注精细度和持续活力　统筹推进居住社区补短板　薛峰　　　187

4　居住社区建设要格外重视养老设施补短板　刘燕辉　　　192

5　关注公共设施聚焦一老一小　推动居住社区建设补短板　于一凡 194

6　指引新时期居住社区建设　营造共建共治共享的幸福家园

　　——《完整居住社区建设指南》解读　编制组　　　198

附录1　相关政策文件一览表　　　201

附录2　相关标准规范一览表　　　203

附录3　社区基本生活服务设施需求公众调查问卷　　　205

图片来源　　　211

第一章

完整居住社区建设方向

1 完整居住社区的发展背景

2 完整居住社区的基本内涵

3 完整居住社区的基本要求

习近平总书记指出："社区是基层基础，只有基础坚固，国家大厦才能稳固"，"社区是党和政府联系、服务居民群众的'最后一公里'"，强调"把社区建设好，把幼有所育、学有所教、劳有所得、病有所医、老有所养、住有所居、弱有所扶等目标实现好"，强调"要把更多资源、服务、管理放到社区，更好为社区居民提供精准化、精细化服务"。

　　社区建设与居民生活息息相关，社区环境的好坏直接影响着城镇居民生活的体验和质量。近年来，为满足新时代人民群众对美好生活的需求，住房和城乡建设部着力推动完整居住社区建设，以提升居住社区建设质量、服务水平和管理能力，增强人民群众的获得感、幸福感、安全感。

1　完整居住社区的发展背景

"社区"这一概念由德国社会学家斐迪南·滕尼斯于1887年在他的著作《社区与社会》中率先提出。滕尼斯认为"社区"是有机的整体和社会在空间单元中的映射。[1]1936年，美国芝加哥大学社会学系教授罗伯特·帕克从功能主义和地域性两个角度定义了社区（community）。20世纪80年代，后现代主义思潮兴起，人们意识到第二次世界大战后期大规模、缺少人本关怀的重建居住区不能给人带来适宜的生活感受，提出应当以人本的角度健全物质空间与服务，提升街区内的场所感。20世纪90年代，新城市主义提出创造和重建丰富多样的、适于步行的、紧凑的、功能混合的社区，重新整合建筑环境，形成完善的都市、城镇、乡村和邻里单元，这一理论中的一些倡议与完整居住社区理念有许多相似之处。

早在20世纪30年代，我国社会学家费孝通先生将英文"Community"建议译为"社区"，并由社会学家吴文藻先生最早倡导开展社区研究。1986年，为配合城市经济体制改革和社会保障制度建设，民政部倡导在城市基层开展以民政对象为服务主体的社区服务，并首先将社区这一概念引入城市管理。[2]1989年12月26日，全国人民代表大会常务委员会通过的《中华人民共和国居民委员会组织法》明确规定："居民委员会应当开展便民利民的社区服务"。由此可见，社区是社会经济发展的必然产物。90年代后，由于改革开放以来我国城镇化的高速发展，城市社会问题逐渐显现，政府与学术界开始广泛

1　丁元竹. 中文"社区"的由来与发展及其启示——纪念费孝通先生诞辰110周年［J］.
　　民族研究. 2020,（04）: 20-29,138
2　生态环境部宣传教育中心. 绿色发展新理念·绿色社区［M］. 北京: 人民日报出版
　　社, 2020.

关注社区建设问题。2000年初，侯玉兰主编的《城市社区发展国际比较研究》、叶南客撰写的《都市社会的微观再造：中外城市社区比较新论》等论著从社会学角度阐述了我国社区发展现状与不足。

2010年，我国"国家最高科学技术奖"获得者、中国科学院和中国工程院两院院士吴良镛先生在国内首次提出了"完整社区"的概念。[1] 吴先生在谈到社区建设时提出："社区本身是一个社会学概念，人是城市的核心，社区是人最基本的生活场所，社区规划与建设的出发点是基层居民的切身利益。不仅包括住房问题，还包括服务、治安、卫生、教育、对内对外交通、娱乐、文化公园等多方面因素，既包括硬件又包括软件，内涵非常丰富，应是一个'完整社区'的概念。[2]"吴先生还指出在"后单位"时代，社区建设和管理由各事业单位的"大院"分头负责逐渐转向由社会负责，因此必须丰富社区的内涵，建设"完整社区"，承担综合功能，解决社会问题。"完整社区"的建设首先是对物质空间匠心独运的创造性设计，以满足现实生活的需求，更是一项系统的社会工程，社区精神与凝聚力的塑造至关重要。

21世纪，西方国家也提出了完整社区（integrated community）的概念。西方各国政府关于基层治理、社会治理与空间建设的重要理念和实践经验可为我国完整居住社区的建设提供参考经验。西方国家政府试图通过有针对性的公共服务供给来补全和实现完整社区。[3] 例如，美国的完整社区相关项目不仅体现在国家政府层面的资金与技术支持，一些非政府组织也积极投身到这一领域，从多层面多角度提出策略方法，不断完善相关设计理论体系。科罗拉多州提

1　吴良镛院士出席2010年上海世博会高峰论坛的演讲.

2　吴良镛. 住房·完整社区·和谐社会：吴良镛致辞［J］. 住区，2011，（2）：18-19.

3　唐燕，李婧，王雪梅，于睿智. 街道与街区设计导则编制实践：北京朝阳的探索［M］. 北京：清华大学出版社，2019.

出"完整社区的目标是通过在移民和当地居民间建立有礼貌的关系从而使社区变强。我们努力形成不同文化的意识，在社区内通过我们的项目打破语言和体制壁垒。我们通过教育和完整社区的三个项目达到目的"。[1] 英国住房社区和地方政府部在完整社区行动计划中提出"政府想要建设完整社区，不管人们是何背景，在这里他们生活、工作、学习和社交，都基于相同的权利、责任和机会[2]"。

党的十八大以来，以习近平总书记为核心的党中央提出，要坚持以人民为中心，把人民群众的获得感、幸福感和满意度作为检验工作成效的第一标准。习近平总书记多次强调，要不断完善城市管理和服务，让人民群众在城市生活得更方便、更舒心、更美好；要打造共建共治共享的社会治理格局，加强社区治理体系建设，推动社会治理重心向基层下移，实现政府治理和社会调节、居民自治良性互动。党的十八大报告指出，必须从维护最广大人民根本利益的高度出发，加快健全基本公共服务体系，加强和创新社会管理，推动社会主义和谐社会建设。党的十九大提出，要坚持以人民为中心，坚持在发展中保障和改善民生；在发展中补齐民生短板、促进社会公平正义，在幼有所育、学有所教、劳有所得、病有所医、老有所养、住有所居、弱有所扶上不断取得新进展，保证全体人民在共建共享发展中有更多获得感。

2017年6月，《关于加强和完善城乡社区治理的意见》正式发布，该文件是新中国历史上第一个以中共中央、国务院名义出台的关于城乡社区治理的纲领性文件，明确了当前和今后一个时期的社区治理战略重点、主攻方向和推进策略，为开创新形势下城乡社区

1　Integrated Community [Z/OL]. [2020-12-07]. https://www.ciiccolorado.org/.

2　Integrated Communities Action Plan [R/OL].（2019-02）[2020-12-07]. https://www.gov.uk/government/organisations/ministry-of-housing-communities-and-local-government.

治理新局面提供了根本遵循依据。文件提出我国社区治理"两步走"的总体目标：第一步，到2020年，基本形成"基层党组织领导、基层政府主导的多方参与、共同治理的城乡社区治理体系"，并实现"城乡社区治理体制更加完善，城乡社区治理能力显著提升，城乡社区公共服务、公共管理、公共安全得到有效保障"；第二步，再过五到十年，城乡社区治理体制更加成熟定型，城乡社区治理能力更为精准全面，为夯实党的执政根基、巩固基层政权提供有力支撑，为推进国家治理体系和治理能力现代化奠定坚实基础。

2019年12月23日，全国住房和城乡建设工作会议在北京召开，会议强调"着力开展美好环境与幸福生活共同缔造活动，推进'完整社区建设'"是住房和城乡建设部2020年的九个重点工作之一。同时，会议指出要围绕改善城乡人居环境，继续深入开展"共同缔造"活动，使"共同缔造"活动与美丽城市、美丽乡村建设有机融合、统筹推进；试点打造一批"完整社区"，完善社区基础设施和公共服务，创造宜居的社区空间环境，营造体现地方特色的社区文化，推动建立共建共治共享的社区治理体系。

2020年7月20日，国务院办公厅发布《关于全面推进城镇老旧小区改造工作的指导意见》（国办发〔2020〕23号），其中在总体要求的基本原则中提出："推动建设安全健康、设施完善、管理有序的完整居住社区。"

2020年8月18日，为贯彻落实习近平总书记关于更好为社区居民提供精准化、精细化服务的重要指示精神，住房和城乡建设部等13部门印发了《关于开展城市居住社区建设补短板行动的意见》（建科规〔2020〕7号），提出："以完善居住社区配套设施为着力点，大力开展居住社区建设补短板行动，提升居住社区建设质量、服务水平和管理能力，增强人民群众获得感、幸福感、安全感。"同时，《完整居住社区建设标准（试行）》随文发布，细化了居住社区基本公共服务设施、便民商业服务设施、市政配套基础设施和公共活动空间建设内容和要求，作为开展居住社区建设补短板行动的主要依据。

建设完整居住社区是落实国家对社区建设和基层治理的决策部署，是补齐居住社区设施和管理短板、改善社区人居环境的重要举措。开展居住社区建设补短板行动、可以更好地为群众提供精准化、精细化服务。构建"纵向到底、横向到边、共建共治共享"的居住社区管理体系，是打通城市建设和管理"最后一公里"的重要环节。

■　相关政策文件节选

《国务院办公厅关于全面推进城镇老旧小区改造工作的指导意见》
国办发〔2020〕23号

一、总体要求

（二）基本原则。

坚持以人为本，把握改造重点。从人民群众最关心最直接最现实的利益问题出发，征求居民意见并合理确定改造内容，重点改造完善小区配套和市政基础设施，提升社区养老、托育、医疗等公共服务水平，推动建设安全健康、设施完善、管理有序的完整居住社区。

《住房和城乡建设部等部门关于开展城市居住社区建设补短板行动的意见》
建科规〔2020〕7号

一、总体要求

（一）指导思想。以习近平新时代中国特色社会主义思想为指导，全面贯彻党的十九大和十九届二中、三中、四中全会精神，坚持以人民为中心的发展思想，坚持新发展理念，以建设安全健康、设施完善、管理有序的完整居住社区为目标，以完善居住社区配套设施为着力点，大力开展居住社区建设补短板行动，提升居住社区建设质量、服务水平和管理能力，增强人民群众获得感、幸福感、安全感。

（二）工作目标。到2025年，基本补齐既有居住社区设施短板，新建居住社区同步配建各类设施，城市居住社区环境明显改善，共建共治共享机制不断健全，全国地级及以上城市完整居住社区覆盖率显著提升。

里坊是我国城市建设管理最早的基本单元，是我国城市社区的雏形。	里坊制和街坊	
	1949 单位制时期	
社会学家对现代城市管理开展研究时提出社区建设的概念。	**1950**	**全国人大一届四次会议** ■ 通过《城市街道办事处组织条例》和《城市居委会组织条例》。
	1954	
	1978	
我国提出社区建设发展重心从社区服务、管理体制组织体系创新，逐步转向社区治理。	**1990** 街居制时期	
	1998	**《关于进一步深化城镇住房制度改革加快住房建设的通知》** 国发〔1998〕23号 ■ 废止了福利分房制度，我国走向了住房供给的商品化、社会化。
上海、青岛、南京、杭州等城市积极探索社区建设的路径，初步积累了社区建设的经验。	**1999**	
民政部对社区下了具体定义，即"社区是指聚居在一定地域范围内的人们所组成的社会生活共同体。目前城市社区的范围，一般是指经过社区体制改革后作了规模调整的居民委员会辖区"。	**2000** 现代城市社区建设起步期	**《关于在全国推进城市社区建设的意见》** 中办发〔2000〕23号 ■ 提出社区建设是一个过程，"是指在党和政府的领导下，依靠社区力量，利用社区资源，强化社区功能，解决社区问题，促进社区政治、经济、文化、环境协调和健康发展，不断提高社区成员生活水平和生活质量的过程"。 ■ 社区建设的核心工作为创新社区管理体制、构建新的社区组织体系，明确社区建设工作包括拓展社区服务、发展社区卫生、繁荣社区文化、美化社区环境、加强社区治安、因地制宜地确定城市社区建设发展的内容等。
社区建设被列入国家"十五"计划发展纲要。	**2001**	**《中华人民共和国国民经济和社会发展第十个五年计划纲要》** 2001年3月15日第九届全国人民代表大会第四次会议批准 ■ 提出推进社区建设是新时期我国经济和社会发展的重要内容。
	2006	**党的十六届六中全会** ■ 首次提出了"农村社区"概念，开始在全国范围内推进农村社区建设。党的十八大之后社区建设的重点转为构建城乡社区治理体系，提升城乡社区治理能力，打造共建共治共享的治理格局。

图1-1 我国当代社区发展时间轴

2012

福建省通过实施"点线面"城乡人居环境综合整治计划、开展"美丽厦门共同缔造"等探索实践,持续推动基层社区各项建设工作,提出了"六有、五达标、三完善"的完整社区指标体系。

《中共中央　国务院关于加强和完善城乡社区治理的意见》
中发〔2017〕13号

- 新中国历史上第一个以党中央、国务院名义出台的关于城乡社区治理的纲领性文件。
- 提出建设人本视角"幸福家园"的新目标,提出"完善城乡社区治理体制,努力把城乡社区建设成为和谐有序、绿色文明、创新包容、共建共享的幸福家园。"
- 明确了当前和今后一个时期的社区治理战略重点、主攻方向和推进策略,为开创新形势下城乡社区治理新局面提供了根本遵循。
- 提出我国社区治理"两步走"的总体目标。
- 确立社区治理行动模式和价值取向。
- 提出社区治理的组织性保障,促进治理体系的活力和效率。
- 提出六大能力建设,精准全面提升社区治理能力。

2017

湖南省长沙市成立了人居环境局,制定了"一圈两场三道"两年行动计划(2018—2019年),计划重点打造400个十五分钟生活圈,实现生活圈建设城区全覆盖,并制定了一系列相关标准,促进城市完整居住社区项目建设。

2019

北京市明确人、财、物资源向基层下沉,实现对基层治理的赋权与增效,并于2019年正式公布了《北京市责任规划师制度实施办法(试行)》,使规划师正式成为参与基层治理的重要专业力量,对推进社区建设工作起到了支撑的作用。

当前城市社区提升时期

2020

广东省住房和城乡建设厅于2020年9月15日在江门市召开2020年全省推进城镇老旧小区改造暨居住社区建设补短板工作会议,对全省城镇老旧小区改造和居住社区建设补短板工作进行动员和部署,计划推动省市形成一份底图、一个系统、一套标准、一份报告、一本实施方案、一支队伍和一系列配套措施。

《国务院办公厅关于全面推进城镇老旧小区改造工作的指导意见》
国办发〔2020〕23号

- 提出:"坚持以人为本,把握改造重点。从人民群众最关心最直接最现实的利益问题出发,征求居民意见并合理确定改造内容,重点改造完善小区配套和市政基础设施,提升社区养老、托育、医疗等公共服务水平,推动建设安全健康、设施完善、管理有序的完整居住社区。"

《住房和城乡建设部等部门关于开展城市居住社区建设补短板行动的意见》
建科规〔2020〕7号

- 提出工作目标:"到2025年,基本补齐既有居住社区设施短板,新建居住社区同步配建各类设施,城市居住社区环境明显改善,共建共治共享机制不断健全,全国地级及以上城市完整居住社区覆盖率显著提升。"

2 完整居住社区的基本内涵

居住社区是城市居民生活和城市治理的基本单元，是党和政府联系、服务人民群众的"最后一公里"。完整居住社区是指在居民适宜步行范围内有完善的基本公共服务设施、健全的便民商业服务设施、完备的市政配套基础设施、充足的公共活动空间、全覆盖的物业管理和健全的社区管理机制，且居民归属感、认同感较强的居住社区。

图1-2　完整居住社区概念示意

2.1　完整居住社区是居民生活的基本单元

城市居民大部分时间是在居住社区中度过，尤其是老年人和儿童在社区的时间最长、使用设施最频繁，且步行能力有限，是居住社区建设应优先满足、充分保障的人群。建设完整居住社区，就是从保障社区老年人和儿童的基本生活出发，配套养老、托幼等基本生活服务设施，促进公共服务的均等化，提升人民群众的幸福感和获得感。

图1-3　居住社区和十五分钟生活圈设施配置示意

2.2 完整居住社区是社会治理的基本单元

随着新城区大规模建设、老城区不断改造，城市居住社区取代原有的单位大院，原有的熟人社会关系网络发生改变，邻里守望相助的功能减弱，人与人之间的心理距离拉大，同时还不断涌现出人口老龄化、公共安全等问题。联合国秘书长安东尼奥·古特雷斯（António Guterres）在2020年世界城市日活动的讲话中提出："社区拥有创新性、韧性和主动性，它们在经济、社会和环境建设中发挥着至关重要的作用。"[1]

建设完整居住社区，通过开展"美好环境与幸福生活共同缔造"活动，发动居民决策共谋、发展共建、建设共管、效果共评、成果共享，修复社会关系和邻里关系，营造具有共同精神的社区文化，增强居民对社区的认同感、归属感，打通城市管理和城市治理的"最后一公里"，构建纵向到底、横向到边、共建共治共享的城市治理体系。

2.3 完整居住社区是城市结构的基本单元

城市是一个有机生命体，由居住社区、城市组团等交织而成。但传统规划机械地将城市分割成了功能单一、相互分离的居住社区、工业区等，造成了不紧凑、不舒适、不宜居等诸多"城市病"问题。建设完整居住社区，就是通过构建规模适宜、功能完善的基本细胞，优化调整城市结构、完善城市功能、激发城市活力，从根本上解决"城市病"问题，推动城市转型发展。

1　2020年世界城市日|中国主场活动：提升社区和城市品质［Z/OL］.（2020-11）
［2020-12-18］. https://www.163.com/dy/article/FQCOQ21G05346KF L.html.

3　完整居住社区的基本要求

3.1　完整居住社区的规模

　　完整居住社区的合理规模应根据儿童、老年人等社区居民的步行能力、基本服务设施的服务能力以及社区综合管理能力等，合理确定。以居民步行5～10分钟到达幼儿园、老年服务站等社区基本公共服务设施为原则，以城市道路网、自然地形地貌和现状居住小区等为基础，与社区居民委员会管理和服务范围相对接，因地制宜合理确定居住社区规模，原则上单个居住社区以0.5万～1.2万人口规模为宜。

步行时间：5～10min
10min内步行可达各类社区服务设施

常住人口：5000～12000人
居民有相同的文化认同感

步行距离：300～500m
社区空间尺度与城市路网结构相匹配

公交距离：1站
公交车1站可便捷到达

图1-4　完整居住社区的合理规模

老年人步行速度、耐力和范围随着身体机能衰退而有所下降，步行时间到达居住社区养老设施、医疗设施、小超市、菜市场、公共活动场地的时间不宜超过10min。

根据联合国儿童基金会发布数据，0~6岁儿童步行活动距离在200m以内，6~12岁儿童步行活动距离在400m以内；

儿童步行到达基础教育设施、便利店、户外活动场地的时间不宜超过10min。

图1-5　老年人、儿童社区日常活动轨迹示意

3.2 完整居住社区的功能结构体系

完整居住社区是为群众日常生活提供基本服务和设施的生活单元，也是社区治理的基本单元，更是城市结构和城市建设的基本单元，与五分钟生活圈居住区相对应，应配有完善的基本公共服务设施、健全的便民商业服务设施、完备的市政配套基础设施和充足的公共活动场地，为群众日常生活提供基本服务，满足居民生活的基本需求。

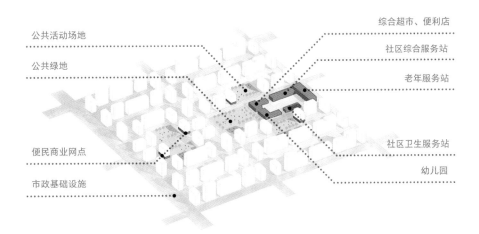

图1-6 完整居住社区的配套设施示意

多个居住社区可构建成为十五分钟生活圈。十五分钟生活圈统筹建设中小学、养老院、社区医院、运动场馆和公园等设施配套，并通过建设社区步行和骑行网络，推进社区绿道建设，串联各个居住社区。

十五分钟生活圈一般由城市干路或用地边界线所围合，居住人口规模为5万～10万人，服务半径为800～1000m，与街区、街道的管理和服务范围相衔接。

步行时间：15min
15min内步行可达各类生活服务设施

服务半径：800～1000m
形成尺度适宜的生活街区

常住人口：5万～10万人
配套完善的公共服务设施

地铁距离：1站
轨道交通1站可便捷到达

图1-7 十五分钟生活圈的合理规模

3.3　完整居住社区的建设要求

完整居住社区建设工作有六个目标，包括基本公共服务设施完善、便民商业服务设施健全、市政配套基础设施完备、公共活动空间充足、物业管理全覆盖以及社区管理机制健全。每个目标包含相应的建设内容，共计20项。具体内容如表1-1所示。

完整居住社区建设标准（试行）　　　　　　　表1-1

目标	序号	建设内容	建设要求
一、基本公共服务设施完善	1	一个社区综合服务站	建筑面积以800m²为宜，设置社区服务大厅、警务室、社区居委会办公室、居民活动用房、阅览室、党群活动中心等
	2	一个幼儿园	不小于6班，建筑面积不小于2200m²，用地面积不小于3500m²，为3～6岁幼儿提供普惠性学前教育服务
	3	一个托儿所	建筑面积不小于200m²，为0～3岁婴幼儿提供安全可靠的托育服务。可以结合社区综合服务站、社区卫生服务站、住宅楼、企事业单位办公楼等建设托儿所等婴幼儿照护服务设施
	4	一个老年服务站	与社区综合服务站统筹建设，为老年人、残疾人提供居家日间生活辅助照料、助餐、保健、文化娱乐等服务。具备条件的居住社区，可以建设1个建筑面积不小于350m²的老年人日间照料中心，为生活不能完全自理的老年人、残疾人提供膳食供应、保健康复、交通接送等日间服务
	5	一个社区卫生服务站	建筑面积不小于120m²，提供预防、医疗、康复、防疫等服务
二、便民商业服务设施健全	6	一个综合超市	建筑面积不小于300m²，提供蔬菜、水果、生鲜、日常生活用品等销售服务。城镇老旧小区等受场地条件约束的既有居住社区，可以建设2～3个50～100m²的便利店提供相应服务

目标	序号	建设内容	建设要求
二、便民商业服务设施健全	7	多个邮件和快件寄递服务设施	建设多组智能信包箱、智能快递箱，提供邮件快件收寄、投递服务，格口数量为社区日均投递量的1～1.3倍。新建居住社区应建设使用面积不小于15m²的邮政快递末端综合服务站。城镇老旧小区等场地条件约束的既有居住社区，因地制宜建设邮政快递末端综合服务站
	8	其他便民商业网点	建设理发店、洗衣店、药店、维修点、家政服务网点、餐饮店等便民商业网点
三、市政配套基础设施完备	9	水、电、路、气、热、信等设施	建设供水、排水、供电、道路、供气、供热（集中供热地区）、通信等设施，达到设施完好、运行安全、供给稳定等要求。实现光纤入户和多网融合，推动5G网络进社区。建设社区智能安防设施及系统
	10	停车及充电设施	新建居住社区按照不低于1车位/户配建机动车停车位，100%停车位建设充电设施或者预留建设安装条件。既有居住社区统筹空间资源和管理措施，协调解决停车问题，防止乱停车和占用消防通道现象。建设非机动车停车棚、停放架等设施。具备条件的居住社区，建设电动车集中停放和充电场所，并做好消防安全管理
	11	慢行系统	建设连贯各类配套设施、公共活动空间与住宅的慢行系统，与城市慢行系统相衔接。社区居民步行10min可以到达公交站点
	12	无障碍设施	住宅和公共建筑出入口设置轮椅坡道和扶手，公共活动场地、道路等户外环境建设符合无障碍设计要求。具备条件的居住社区，实施加装电梯等适老化改造。对有条件的服务设施，设置低位服务柜台、信息屏幕显示系统、盲文或有声提示标识和无障碍厕所（厕位）

目标	序号	建设内容	建设要求
三、市政配套基础设施完备	13	环境卫生设施	实行生活垃圾分类，设置多处垃圾分类收集点，新建居住社区宜建设一个用地面积不小于120m²的生活垃圾收集站。建设一个建筑面积不小于30m²的公共厕所，城镇老旧小区等受场地条件约束的既有居住社区，可以采用集成箱体式公共厕所
四、公共活动空间充足	14	公共活动场地	至少有一片公共活动场地（含室外综合健身场地），用地面积不小于150m²，配置健身器材、健身步道、休息座椅等设施以及沙坑等儿童娱乐设施。新建居住社区建设一片不小于800m²的多功能运动场地，配置5人制足球、篮球、排球、乒乓球、门球等球类场地，在紧急情况下可以转换为应急避难场所。既有居住社区要因地制宜改造宅间绿地、空地等，增加公共活动场地
	15	公共绿地	至少有一片开放的公共绿地。新建居住社区至少建设一个不小于4000m²的社区游园，设置10%～15%的体育活动场地。既有居住社区应结合边角地、废弃地、闲置地等改造建设"口袋公园""袖珍公园"等。社区公共绿地应配备休憩设施，景观环境优美，体现文化内涵，在紧急情况下可转换为应急避难场所
五、物业管理全覆盖	16	物业服务	鼓励引入专业化物业服务，暂不具备条件的，通过社区托管、社会组织代管或居民自管等方式，提高物业管理覆盖率。新建居住社区按照不低于物业总建筑面积2‰比例且不低于50m²配置物业管理用房，既有居住社区因地制宜配置物业管理用房
	17	物业管理服务平台	建立物业管理服务平台，推动物业服务企业发展线上线下社区服务业，实现数字化、智能化、精细化管理和服务

续表

目标	序号	建设内容	建设要求
六、社区管理机制健全	18	管理机制	建立"党委领导、政府组织、业主参与、企业服务"的居住社区管理机制。推动城市管理进社区，将城市综合管理服务平台与物业管理服务平台相衔接，提高城市管理覆盖面
	19	综合管理服务	依法依规查处私搭乱建等违法违规行为。组织引导居民参与社区环境整治、生活垃圾分类等活动
	20	社区文化	举办文化活动，制定发布社区居民公约，营造富有特色的社区文化

说明：完整居住社区是指为群众日常生活提供基本服务和设施的生活单元，也是社区治理的基本单元。本标准以0.5～1.2万人口规模的完整居住社区为基本单元，依据《城市居住区规划设计标准》GB 50180—2018等有关标准规范和政策文件而制定。

完整居住社区建设回应了我国社区建设中亟待解决的突出问题，是社会转型过程中的一项重要课题。建设完整居住社区是从微观角度出发，进行社会重组，通过对人的基本关怀，维护社会公平与团结，解决社会问题。在城镇化转型的过程中，人口的组织形式发生了转变，建设完整居住社区是为居民提供便捷的公共服务、多彩的社区生活的有效途径。

完整居住社区的建设，既包含了对物质空间的建设和改造，又包含了社区共同意识、友邻关系、公共利益的塑造，形成社区精神和凝聚力，让居民参与到社区治理中，增强社区居民的认同感。通过开展"美好环境与幸福生活共同缔造"社会实践活动，修复社会关系和邻里关系，营造具有共同精神的社区文化，增强居民对社区的归属感。

第二章

完整居住社区建设指南

1   基本公共服务设施完善

2   便民商业服务设施健全

3   市政配套基础设施完备

4   公共活动空间充足

5   物业管理全覆盖

6   社区管理机制健全

2020年8月18日，住房和城乡建设部等13部门印发《关于开展城市居住社区建设补短板行动的意见》（建科规〔2020〕7号），提出了完整居住社区建设的六个目标——基本公共服务设施完善、便民商业服务设施健全、市政配套基础设施完备、公共活动空间充足、物业管理全覆盖和社区管理机制健全，并随文发布了《完整居住社区建设标准（试行）》，将六个目标细化为二十项建设内容。本章节重点从建设要求、建设原则、选址布局、功能组织等方面，解读《完整居住社区建设标准（试行）》中的各项建设内容，为各地科学、有效地开展完整居住社区建设工作提供指引。

1 基本公共服务设施完善

1.1 社区综合服务站

1.2 幼儿园

1.3 托儿所

1.4 老年服务站

1.5 社区卫生服务站

　　社区基本公共服务设施是保障居民获得基本公共服务权益的设施，主要包括社区综合服务站、幼儿园、托儿所、老年服务站和社区卫生服务站。当前，基本公共服务供给不足、质量不高，已成为制约城市高质量发展的短板。另外，人口老龄化问题日趋严峻，婴幼儿照护需求尚难以得到满足，保障"一老一小"的配套服务设施逐渐成为社区需求的重点方向。完整居住社区要建设完善的基本公共服务设施，把握当前居住社区需求结构特征，持续推动公共服务均等化，促进社会公平公正。

1.1　社区综合服务站

社区综合服务站是为居民办理社区事务的基本公共服务设施，也是居民日常交往、开展文化活动的重要场所。随着城市居民生活水平的不断提高，社区综合服务站的功能逐渐由满足居民基本生活要求转向丰富居民文化精神生活，并呈现服务内容多元化的特点。因此，越来越多的社区综合服务站在保障社区公共服务、运营管理等基本功能的基础上，还提供了居民议事交往、举办党群活动等场所，有效提升了居民的生活质量和对社区的认同感。

■　建设要求

完整居住社区要建设1个社区综合服务站，建筑面积以800m^{2}为宜，设置社区服务大厅、警务室、社区居委会办公室、居民活动用房、阅览室、党群活动中心等。

图2-1　北京枣园小区社区议事厅

■ 建设原则

社区服务站的建设应规模适度、配置合理、功能多元、经济实用，具备组织开展社区居民自治、向社区居民提供基本公共服务的功能。

新建居住社区应当建设功能复合、服务高效的社区综合服务站，提供社区养老、卫生、助残、文化娱乐、物业管理等多元化服务。城市中心区内社区应当充分挖掘和利用存量资源，通过改造其他公共设施、综合配置等方式配建社区综合服务站，也可利用边角地配置社区移动图书馆等设施。

图2-2 佛山千灯湖社区党群服务中心

■ 选址布局

根据《城市社区服务站建设标准》建标167—2014中的相关规定，新建社区综合服务站的选址应满足以下要求：

1）应选择市政设施条件较好、交通便利的地段；

2）应选择位置适中、方便居民出入，便于服务辖区居民的地段；

3）宜靠近广场、公园、绿地等公共活动空间。

此外，当城市社区综合服务站与其他建筑合建时，宜设置在建筑物低层部分，并有独立出入口。用地紧张的社区，可在同一辖区内，分开建设房屋建筑和场地，或设置可移动自助设施，提供智能、便捷的社区服务。

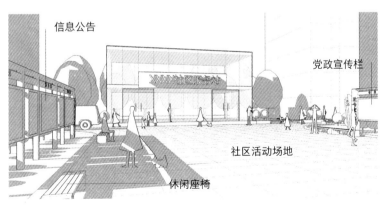

图2-3　社区综合服务站布局示意

■ 功能组织

社区综合服务站的功能一般包括办理社区公共事务、举办文化娱乐活动等，其用房主要由居民活动用房和社区工作用房组成。居民活动用房一般包括阅览室、棋牌室、文体活动室等，可用于社区居民日常娱乐、组织文化活动时使用。社区工作用房一般包括社区服务大厅、警务室、居委会办公室、党群活动中心等，主要用于社区日常运营和管理。

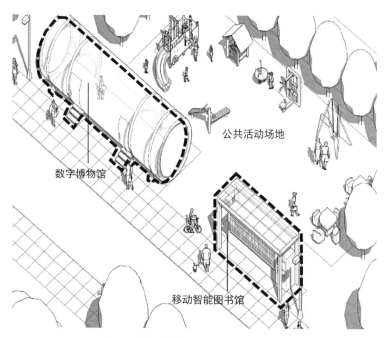

公共活动场地

数字博物馆

移动智能图书馆

图2-4　利用边角地设置社区可移动设施

　　在条件允许的情况下，社区综合服务站还可与其他服务设施统筹建设，提升社区空间的使用效率。根据《城市社区服务站建设标准》建标167—2014，城市社区服务站建设宜与社区卫生、文化、教育、体育健身、老年人日间照料、残障人士康复等基本公共服务设施统筹建设，发挥社区综合服务效益，增强服务功能。

　　社区综合服务站和其他相关设施统筹建设时，应充分考虑社区居民实际使用需求，做到布局合理、流线清晰、服务方便。一方面，需要考虑服务人群的实际使用需求，例如中老年人对棋牌等休闲娱乐需求较多，青少年则更倾向于图书阅览、文化科普等培训相关内容；另一方面，需考虑功能之间的关联性和差异性，注意动静分区明确，避免干扰性较大的功能邻近布置。

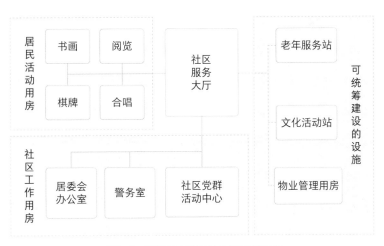

图2-5　社区综合服务站功能布局示意

■ **相关政策文件节选**

《中共中央办公厅、国务院办公厅关于加强和改进城市社区居民委员会建设工作的意见》
中办发〔2010〕27号

要将社区居民委员会工作用房和居民公益性服务设施建设纳入城市规划、土地利用规划和社区发展相关专项规划，并与社区卫生、警务、文化、体育、养老等服务设施统筹规划建设。老城区和已建成居住区没有社区居民委员会工作用房和居民公益性服务设施的或者不能满足需要的，由区（县、市）人民政府负责建设，也可以从其他社区设施中调剂置换，或者以购买、租借等方式解决，所需资金由地方各级人民政府统筹解决。积极推动社区综合服务设施建设，提倡"一室多用"，提高使用效益。

《中共中央　国务院关于加强和完善城乡社区治理的意见》
中发〔2017〕13号

加快社区综合服务设施建设。将城乡社区综合服务设施建设纳入当地国民经济和社会发展规划、城乡规划、土地利用规划等，按照每百户居民拥有综合服务设施面积不低于30平方米的标准，以新建、改造、购买、项目配套和整合共享等形式，逐步实现城乡社区综合服务设施全覆盖。

1.2　幼儿园

幼儿园是面向3～6岁学龄前幼儿实施保育和教育的机构，是基础教育的重要组成部分，在促进幼儿身体和心理健康发展、培养良好的生活习惯等方面发挥着重要的作用。近年来，国家高度重视学前教育事业，大力支持普惠性幼儿园建设，为社区适龄儿童提供便捷的入园条件。

■　建设要求

完整居住社区要建设1个幼儿园，为3～6岁幼儿提供普惠性学前教育服务，根据居住社区人口规模，按照《幼儿园建设标准》建标175—2016配置建设幼儿园，原则上不少于6班，建筑面积不小于2200m²，用地面积不小于3500m²。

图2-6　南京南外仙林分校幼儿园

■ **建设原则**

幼儿园建设应坚持"以幼儿为本",符合幼儿身心发展规律。园区布局、房屋建筑和设施应功能完善、配置合理,适合幼儿生活和开展游戏活动,绿色环保、经济实用。

新建、改建、扩建幼儿园应符合《幼儿园建设标准》建标175—2016、《托儿所、幼儿园建筑设计规范(2019年版)》JGJ 39—2016和国家相关抗震、消防标准的规定,合理布局,保障安全。配套不全的居住社区要依据国家和地方配建标准,通过补建、改建或就近新建、置换、购置等方式予以解决。

■ **选址布局**

根据《幼儿园建设标准》建标175—2016中的相关规定,幼儿园的选址和布局应符合以下要求:

1)幼儿园布局应符合当地学前教育发展规划,结合人口密度、人口发展趋势、城乡建设规划、交通、环境等因素综合考虑,合理布点,保障安全。城镇居住小区应按居住区规划设计配建幼儿园,满足就近入园、方便接送的要求。幼儿园布点应均匀,宜根据幼儿步行时间不宜过长的特点确定幼儿园服务半径。城镇幼儿园的服务半径宜为300～500m。

2)为保证具有安全、安静、卫生的育人环境,幼儿园应避免噪声、烟尘、异味的干扰和污水、废气、粉尘的污染。应避开地震危险地段、可能发生地质灾害地段、不安全地带。为保证幼儿的健康成长,幼儿园的位置应与不利于幼儿身心健康的社会环境保持适宜的距离,并应远离物理、化学污染源。

3）园区主出入口不应直接设在城市主干道或过境公路干道一侧。园门外应设置人流缓冲区和安全警示标志。园区周边应设围墙。主出入口应设大门和门卫收发室。机动车与供应区出入口宜合并独立设置。

4）为保证幼儿及家长、保教人员出入园门的安全，园门外侧应留有缓冲地带，并设置警示性标志。围墙应牢固、美观，不易攀爬，有利于幼儿园的安全管理。职工机动车宜与供应区合设独立出入口，以免影响幼儿安全。

5）幼儿园不得建在高层建筑内。3班及以下规模幼儿园可设在多层公共建筑内的一至三层，应有独立院落和出入口，室外游戏场地应有防护设施。3班以上规模幼儿园不应设在多层公共建筑内。

■ 功能组织

幼儿园应当包含建筑空间和室外场地两个部分。建筑空间主要包含幼儿生活用房、服务管理用房、附属用房、交通空间。《幼儿园建设标准》建标175—2016和《托儿所、幼儿园建筑设计规范（2019年版）》JGJ 39—2016对幼儿园的功能组织提出了具体的要求：

1）幼儿活动用房应符合下列规定：①应设在三层及以下楼层，严禁设在地下室或半地下室；②班级活动单元应满足幼儿活动、生活等功能需求；③班级活动单元内不得搭建阁楼或夹层作寝室；④应保证每个幼儿有一张床位，不宜设双层床，床位侧面不应紧靠外墙布置。

2）幼儿园的活动室、寝室及具有相同功能的区域，应布置在当地最好朝向，冬至日底层满窗日照不应少于3h。

3）活动室与寝室合并建设时，人均使用面积不小于$3.5m^2$；分开设置时，活动室人均使用面积不小于$2.4m^2$，寝室人均使用面积不小于2m²。

4）幼儿园每班应设专用室外活动场地，人均面积不应小于2m²。各班活动场地之间宜采取分隔措施。幼儿园应设全园共用活动场地，人均面积不应小于2m²。

幼儿生活单元房间的最小使用面积　　　表2-1

房间名称		房间最小使用面积/m²
活动室		70
寝室		60
卫生间	厕所	12
	盥洗室	8
衣帽储藏间		9

注：参考自《托儿所、幼儿园建筑设计规范（2019年版）》JGJ 39—2016。

图2-7　幼儿园功能组成示意

幼儿园建筑与场地的空间组织可以结合场地实际情况，采取集中式、离散式、围合式等不同组织模式。园内流线宜简短便捷、减少交叉，应考虑家长接送、等候等空间，有效处理与社区、城市交通的衔接与区隔。建筑组合应紧凑、集中，主要建筑之间宜有廊联系。园区绿化、美化应结合建筑布置、空间组合统一规划和建设。幼儿园绿地率不宜低于30%。集中绿地包括专用绿地和自然生物园地，人均面积不应少于2m²。绿地中严禁种植有毒、带刺、有飞絮、病虫害多、有刺激性的植物。

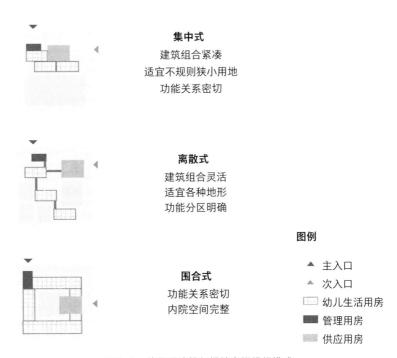

集中式
建筑组合紧凑
适宜不规则狭小用地
功能关系密切

离散式
建筑组合灵活
适宜各种地形
功能分区明确

图例

▲ 主入口
▲ 次入口
☐ 幼儿生活用房
■ 管理用房
▨ 供应用房

围合式
功能关系密切
内院空间完整

图2-8　幼儿园建筑与场地空间组织模式

■ 相关政策文件节选

《中共中央 国务院关于学前教育
深化改革规范发展的若干意见》
2018年11月7日

老城（棚户区）改造、新城开发和居住区建设、易地扶贫搬迁应将配套建设幼儿园纳入公共管理和公共服务设施建设规划，并按照相关标准和规范予以建设，确保配套幼儿园与首期建设的居民住宅区同步规划、同步设计、同步建设、同步验收、同步交付使用。配套幼儿园由当地政府统筹安排，办成公办园或委托办成普惠性民办园，不得办成营利性幼儿园。

《国务院办公厅关于开展城镇小区配套
幼儿园治理工作的通知》
国办发〔2019〕3号

城镇小区没有规划配套幼儿园或规划不足，或者有完整规划但建设不到位的，要依据国家和地方配建标准，通过补建、改建或就近新建、置换、购置等方式予以解决。对存在配套幼儿园缓建、缩建、停建、不建和建而不交等问题的，在整改到位之前，不得办理竣工验收。

1.3　托儿所

托儿所是面向0～3岁婴幼儿实施保育为主、教养融合的照护场所。婴幼儿照护事关千家万户，特别是在开放"三孩政策"后，国家高度关注社区婴幼儿照护服务的发展，着力增加3岁以下婴幼儿普惠性托育服务的有效供给，并支持社会力量兴办托育服务设施，以满足家庭多样化、多层次的托育服务需求。

■　建设要求

完整居住社区要为0～3岁婴幼儿提供安全可靠的托育服务，建设1个托儿所，建筑面积不小于200m²，可以结合社区综合服务站、社区卫生服务站、住宅楼、企事业单位办公楼等建设托儿所等婴幼儿照护服务设施。

图2-9　托儿所室内空间示意

■ **建设原则**

托儿所应以婴幼儿为中心，立足于婴幼儿的生理、心理需求及发展特点进行设计，符合《托儿所、幼儿园建筑设计规范（2019年版）》JGJ 39—2016和国家相关抗震、消防标准的规定。

新建居住社区应规划、建设与常住人口规模相适应的婴幼儿照护设施，并与住宅同步验收、同步交付使用；老城区和已建成居住社区无婴幼儿照护设施的，要限期通过购置、置换、租赁等方式建设。在加快推进居住社区设施改造过程中，通过做好公共活动区域的设施和部位改造，为婴幼儿照护创造安全、适宜的环境和条件。

■ **选址布局**

根据《托儿所、幼儿园建筑设计规范（2019年版）》JGJ 39—2016中的相关规定，城市居住区按规划要求应按需配套设置托儿所。当托儿所独立设置有困难时，可联合建设。

图2-10 托儿所室外空间示意

托儿所的建设规模应以所服务区域常住人口数量为主要依据，兼顾服务半径确定，一般来说，托儿所服务半径宜为300～500m。托儿所的选址要满足日照规定，不与人流密集、环境喧闹等不利于婴幼儿身心成长的建筑毗邻；同时应远离医院、垃圾及污染严重的交通主干道地区。当服务对象相对集中时，托儿所可考虑与其他公共服务设施联合建立。

■ 功能组织

托儿所在总体设计、建筑布局等方面与幼儿园类似，一般包含建筑空间和室外场地两个部分。

建筑空间依据规模和实际情况，可包含乳儿班、托儿班等若干生活单元，以及服务管理用房、附属用房、交通空间。《托儿所、幼儿园建筑设计规范（2019年版）》JGJ 39—2016提出：托儿所生活用房应布置在首层。当布置在首层确有困难时，可将托大班布置在二层，其人数不应超过60人，并应符合有关防火安全疏散的规定；托儿所、幼儿园的活动室、寝室及具有相同功能的区域，应布置在当

图2-11　托儿所功能组成示意

地最好朝向，冬至日底层满窗日照不应小于3h。需要获得冬季日照的婴幼儿生活用房窗洞开口面积不应小于该房间面积的20%。

托儿所室外活动场地人均面积不应小于3m²。城市人口密集地区改、扩建的托儿所，设置室外活动场地确有困难时，室外活动场地人均面积不应小于2m²。

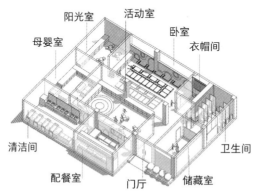

图2-12 乳儿班单元功能布局示意

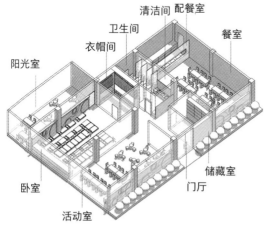

图2-13 托儿班单元功能布局示意

▨ **相关政策文件节选**

《国务院办公厅关于促进
3岁以下婴幼儿照护服务发展的指导意见》
国办发〔2019〕15号

发挥城乡社区公共服务设施的婴幼儿照护服务功能，加强社区婴幼儿照护服务设施与社区服务中心（站）及社区卫生、文化、体育等设施的功能衔接，发挥综合效益。支持和引导社会力量依托社区提供婴幼儿照护服务。

鼓励通过市场化方式，采取公办民营、民办公助等多种方式，在就业人群密集的产业聚集区域和用人单位完善婴幼儿照护服务设施。

鼓励地方各级政府采取政府补贴、行业引导和动员社会力量参与等方式，在加快推进老旧居住小区设施改造过程中，通过做好公共活动区域的设施和部位改造，为婴幼儿照护创造安全、适宜的环境和条件。

1.4　老年服务站

我国自1999年进入老龄社会以来，老年人口规模日益庞大、老龄化程度日益加深。第七次全国人口普查（2020年）结果显示，我国60岁及以上人口已达2.64亿人，占总人口的比重与2010年相比上升了5.44个百分点。在这样的老龄化背景下，我国的养老问题严峻而紧迫，社区养老设施的建设已刻不容缓。党的十八大以来，党中央和国务院高度重视老龄工作，制定了一系列养老相关政策文件，支持社区养老服务设施的建设。

■　建设要求

完整居住社区要为老年人、残障人士提供居家日间生活辅助照料、助餐、保健、文化娱乐等服务，与社区综合服务站统筹建设1个老年服务站。具备条件的居住社区，可以建设1个建筑面积不小于350m²的老年人日间照料中心，为生活不能完全自理的老年人、残障人士提供膳食供应、保健康复、交通接送等日间服务。

图2-14　老年服务站示意

■　**建设原则**

社区养老服务设施的建设须遵循国家经济建设的方针政策，符合国家相关法律法规，综合考虑社会经济发展水平，因地制宜，满足老年人、残障人士在生活照料、保健康复、精神慰藉等方面的基本需求，做到规模适宜、功能完善、安全卫生、运行经济。

■　**选址布局**

社区养老服务设施的布局应符合当地老年人口的分布特点，并宜靠近居住人口集中的地区布局。

根据《社区老年人日间照料中心建设标准》建标143—2010中的相关规定，社区老年人日间照料中心的选址应满足以下条件：

图2-15　老年助餐点示意

1）服务对象相对集中，交通便利，供电、给排水、通信等市政条件较好；

2）临近医疗机构等公共服务设施；

3）环境安静，与高噪声、污染源的防护距离符合有关安全卫生规定。

■ 功能布局

社区养老服务设施一般可包含康复医疗、生活服务、娱乐活动、后勤服务及室外活动等功能。

根据《社区老年人日间照料中心建设标准》建标143—2010中的相关规定，老年人日间照料中心宜在建筑低层部分，相对独立，并有独立出入口。二层以上的社区老年人日间照料中心应进行无障碍设计；应根据日托老年人的特点和各项设施的功能要求，进行合理布局，分区设置。

同时，《国务院办公厅关于加强全民健身场地设施建设发展群众体育的意见》（国办发〔2020〕36号）指出："在养老设施规划建设中，要安排充足的健身空间。"

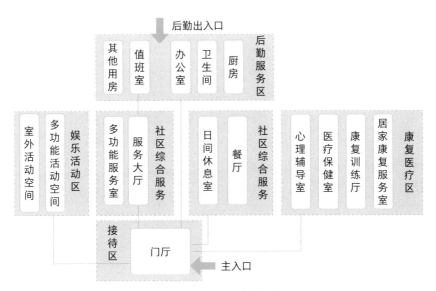

图2-16　老年服务站功能布局示意

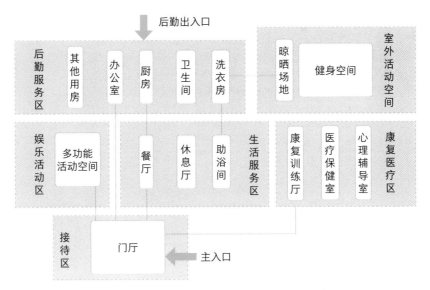

图2-17　老年人日间照料中心功能布局示意

■ **相关政策文件节选**

《国务院办公厅关于推进养老服务发展的意见》
国办发〔2019〕5号

持续完善居家为基础、社区为依托、机构为补充、医养相结合的养老服务体系。将社区居家养老服务设施建设纳入城乡社区配套用房建设范围。对于空置的公租房，可探索允许免费提供给社会力量，供其在社区为老年人开展日间照料、康复护理、助餐助行、老年教育等服务。

《国务院办公厅关于促进
养老托育服务健康发展的意见》
国办发〔2020〕52号

在城市居住社区建设补短板和城镇老旧小区改造中统筹推进养老托育服务设施建设，鼓励地方探索将老旧小区中的国企房屋和设施以适当方式转交政府集中改造利用。支持在社区综合服务设施开辟空间用于"一老一小"服务，探索允许空置公租房免费提供给社会力量供其在社区为老年人开展助餐助行、日间照料、康复护理、老年教育等服务。

《关于开展示范性全国老年友好型社区
创建工作的通知》
国卫老龄发〔2020〕23号

利用社区日间照料中心及社会化资源为老年人提供生活照料、助餐助浴助洁、紧急救援、康复辅具租赁、精神慰藉、康复指导等多样化养老服务。

《住房和城乡建设部等部门关于推动物业服务企业发展居家社区养老服务的意见》
建房〔2020〕92号

加强居家社区养老服务设施布点和综合利用。按照集中和分散兼顾、独立和混合使用并重的原则，完善居家社区养老服务设施布点。在老年人较多的若干相邻小区，集中建设老年服务中心，可交由物业服务企业为老年人提供全托、日托、上门、餐饮、文体、健身等方面的服务，提高养老设施使用效率。因地制宜多点布局小型养老服务点，作为居家社区养老服务中心的有效补充，方便小区老年人就地就近接受服务。

《中共中央　国务院关于加强新时代老龄工作的意见》
（2021年11月24日）

创新居家社区养老服务模式。以居家养老为基础，通过新建、改造、租赁等方式，提升社区养老服务能力，着力发展街道（乡镇）、城乡社区两级养老服务网络，依托社区发展以居家为基础的多样化养老服务。地方政府负责探索并推动建立专业机构服务向社区、家庭延伸的模式。街道社区负责引进助餐、助洁等方面为老服务的专业机构，社区组织引进相关护理专业机构开展居家老年人照护工作；政府加强组织和监督工作。政府要培育为老服务的专业机构并指导其规范发展，引导其按照保本微利原则提供持续稳定的服务。充分发挥社区党组织作用，探索"社区+物业+养老服务"模式，增加居家社区养老服务有效供给。

1.5 社区卫生服务站

社区卫生服务站是城市基层医疗卫生服务机构，主要提供预防、医疗、康复、防疫等基本医疗服务。社区卫生服务站是社区卫生服务中心功能向社区的延伸，承担社区基本医疗和公共卫生服务职能。

■ 建设要求

完整居住社区要提供预防、医疗、康复、防疫等服务，建设1个社区卫生服务站，建筑面积不小于120m²。

图2-18　社区卫生服务站外部空间示意

■ 建设原则

城市基层医疗卫生服务机构主要分为两级，包括街道层面的社区卫生服务中心和社区层面的社区卫生服务站。社区卫生服务中心原则上按街道办事处范围设置；在人口较多、服务半径较大、社区卫生服务中心难以覆盖的社区，应设置社区卫生服务站或增设社区卫生服务中心。

根据《社区卫生服务中心、站建设标准》建标163—2013中的相关规定，社区卫生服务站的建设必须遵守国家有关法律、法规和国家有关卫生工作的政策，应适应项目所在地区社会、经济发展状况，正确处理现状与发展的关系，做到规模适宜、功能适用、布局合理、流程科学、装备适度、安全卫生、运行经济、节能环保。

图2-19　社区卫生服务站内部空间示意

■ **选址布局**

《社区卫生服务中心、站建设标准》建标163—2013中对社区卫生服务设施的选址和布局作出以下要求：

1）方便群众，交通便利；

2）具有较好的工程地质条件和水文地质条件；

3）周边有便利的水、电、市政道路等公用基础设施；

4）环境安静、远离污染源；

5）远离易燃、易爆物品的生产和贮存区、高压线路及其设施；

6）宜设置在居住区内相对中心区域，结合居住区公共服务设施设置。

《中共中央 国务院关于加强新时代老龄工作的意见》中指出，"鼓励医疗卫生机构与养老机构开展协议合作，进一步整合优化基层医疗卫生和养老资源，提供医疗救治、康复护理、生活照料等服务。"有条件的社区，可将社区卫生服务站与老年服务站、老年人日间照料中心结合设置，探索医养结合的建设模式。

■ **功能布局**

社区卫生服务站主要包括全科诊室、治疗室、处置室、观察室、预防保健室、健康信息管理室等用房。根据《社区卫生服务中心、站建设标准》建标163—2013中的相关规定，社区卫生服务站设在公共建筑内，应为相对独立区域的首层，或带有首层的连续楼层，且不宜超过四层。用房层数为二层及以上宜进行无障碍设计。

另外，社区卫生服务站还应配置完善、清晰、醒目的标识系统，其医疗废弃物应满足《医疗废物管理条例》（国务院令第380号）的有关规定。

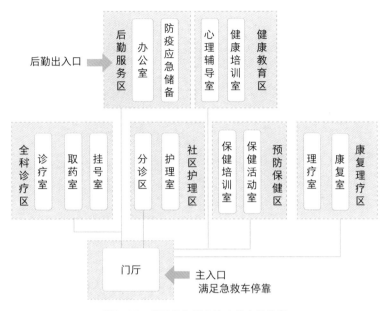

图2-20　社区卫生服务站功能布局示意

■ **相关政策文件节选**

《国务院关于发展城市社区卫生服务的指导意见》
国发〔2006〕10号

地方政府要制订发展规划，有计划、有步骤地建立健全以社区卫生服务中心和社区卫生服务站为主体，以诊所、医务所（室）、护理院等其他基层医疗机构为补充的社区卫生服务网络。在大中型城市，政府原则上按照3—10万居民或按照街道办事处所辖范围规划设置1所社区卫生服务中心，根据需要可设置若干社区卫生服务站。

《国家卫生健康委办公厅关于基层医疗卫生机构在
新冠肺炎疫情防控中分类精准做好工作的通知》
国卫办基层函〔2020〕177号

各地社区卫生服务中心（站）、乡镇卫生院、村卫生室等基层医疗卫生机构要结合区域疫情防控态势，进一步强化工作责任，统筹做好疫情防控和日常诊疗、慢性病管理、健康指导等工作，确保城乡居民及时、就近获得基本卫生健康服务。

《关于开展示范性全国老年友好型社区
创建工作的通知》
国卫老龄发〔2020〕23号

利用社区卫生服务中心（站）、乡镇卫生院等定期为老年人提供生活方式和健康状况评估、体格检查、辅助检查和健康指导等健康管理服务，为患病老年人提供基本医疗、康复护理、长期照护、安宁疗护等服务。开展老年人群营养状况监测和评价，制定满足不同老年人群营养需求的改善措施。深入推进医养结合，支持社区卫生服务机构、乡镇卫生院内部建设医养结合中心，为老年人提供多种形式的健康养老服务。

2　便民商业服务设施健全

2.1　综合超市

2.2　邮件和快件寄递服务设施

2.3　其他便民商业网点

便民商业服务设施是城市商业体系的重要组成部分，也是提升居住品质、营造宜居环境的重要载体，常见的社区便民商业服务设施包括综合超市、便利店、理发店、洗衣店等便民商业网点，以及邮政和快递接收点等便民设施。完整居住社区要建设健全的便民商业服务设施，提供多样的生活服务及便捷的购物条件，满足居民日益丰富的物质文化需求。

2.1 综合超市

综合超市和便利店以经销食品和日常生活用品为主，是社区居民日常生活中使用最频繁的便民商业设施，可为社区居民提供便捷的购物环境。

■ 建设要求

完整居住社区要满足居民基本购物需求，建设1个综合超市，建筑面积不小于300m²，提供蔬菜、水果、生鲜、日常生活用品等销售服务。城镇老旧小区等受场地条件约束的既有居住社区，可以建设2~3个50~100m²的便利店提供相应服务。

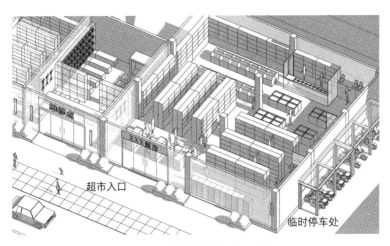

图2-21 综合超市空间布局示意

■ 建设原则

综合超市和便利店的设置应遵循方便使用、集中和分散兼顾的原则。综合超市面积较大，能提供较多种类的商品，服务范围能够覆盖较多人口，一般每个完整居住社区设置1处；便利店面积较小，主要提供基本日常生活用品，服务范围较小，一般每个完整居住社区可设置多处。

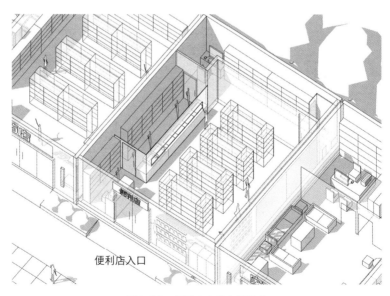

图2-22 便利店空间布局示意

■ **选址布局**

综合超市的设置应与城市建设及商业网点布局相协调，合理布局，因地制宜，与环境相协调。以生活宜居为原则，综合超市的选址及经营应便捷可达，且不干扰居民生活。

综合超市和便利店可利用沿街商业店铺进行配置，方便居民就近使用。综合超市附近应设置机动车和非机动车停车场。

■ **相关政策文件节选**

**《国务院办公厅关于
加快发展流通促进商业消费的意见》**
国办发〔2019〕42号

加快连锁便利店发展。深化"放管服"改革，在保障食品安全的前提下，探索进一步优化食品经营许可条件；将智能化、品牌化连锁便利店纳入城市公共服务基础设施体系建设。优化社区便民服务设施。打造"互联网+社区"公共服务平台，新建和改造一批社区生活服务中心，统筹社区教育、文化、医疗、养老、家政、体育等生活服务设施建设，改进社会服务，打造便民消费圈。

2.2　邮件和快件寄递服务设施

随着电子商务和快递物流的迅猛发展，便捷、智能的邮件和快件寄递服务设施成为社区居民日常生活中必不可少的服务设施。常见的邮件和快件寄递服务设施包括智能信包箱、智能快递箱，可实现取件、送件的无人化便捷操作，需要人工服务的居民可前往邮政快递末端综合服务站进行业务办理。

■　建设要求

完整居住社区要建设多组智能信包箱、智能快递箱，提供邮件快件收寄、投递服务，格口数量为社区日均投递量的1～1.3倍。新建居住社区应建设使用面积不小于15m²的邮政快递末端综合服务站。城镇老旧小区等受场地条件约束的既有居住社区，因地制宜建设邮政快递末端综合服务站。

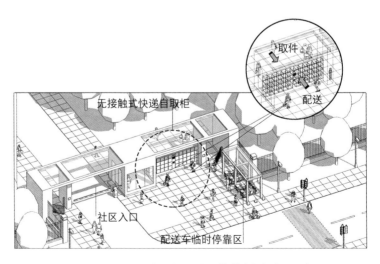

图2-23　无接触式快递接收点和快递自提柜布局示意

■ **建设原则**

快递接收点或快递自提柜等设施可配置在社区与外部城市道路连通处，或设置在社区出入口和公共空间处，方便快递配送和社区居民取件。条件具备的社区，宜配置"无接触式配送"接收设施，保障卫生安全。

新建居住社区应建设使用面积不小于15m²的邮政快递末端综合服务站，为居民提供便捷的寄递服务。邮政快递末端综合服务站宜设置在社区内交通便捷的地点，保证物流畅通。

■ **相关政策文件节选**

《国务院办公厅关于
推进电子商务与快递物流协同发展的意见》
国办发〔2018〕1号

推广智能投递设施。鼓励将推广智能快件箱纳入便民服务、民生工程等项目，加快社区、高等院校、商务中心、地铁站周边等末端节点布局。支持传统信报箱改造，推动邮政普遍服务与快递服务一体化、智能化。鼓励快递末端集约化服务。鼓励快递企业开展投递服务合作，建设快递末端综合服务场所，开展联收联投。促进快递末端配送、服务资源有效组织和统筹利用，鼓励快递物流企业、电子商务企业与连锁商业机构、便利店、物业服务企业、高等院校开展合作，提供集约化配送、网订店取等多样化、个性化服务。

2.3　其他便民商业网点

除综合超市和便利店外，常见的便民商业网点还包括理发店、洗衣店、药店、维修点、家政服务网点、餐饮店等，为社区居民提供多元、便捷的商业服务。

■　建设要求

完整居住社区要满足居民日常生活需求，建设理发店、洗衣店、药店、维修点、家政服务网点、餐饮店等便民商业网点。

■　建设原则

其他便民商业网点可与综合超市结合设置，形成一站式便民商业服务网点。城镇老旧小区可通过改造、购买、租赁等措施，增加商业服务设施，保障居民社区生活物资和日常服务的供应。

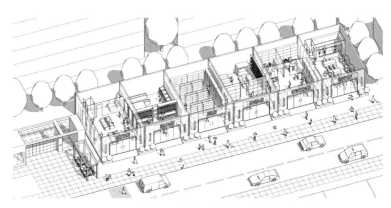

图2-24　居住社区周边布置各类便民商业网点示意

图2-25　充分利用底商布置各类便民商业服务设施

图2-26　改造住宅首层增加便民商业服务设施

图2-27　利用闲置用房补充便民商业服务设施

■　相关政策文件节选

《国务院关于加强和改进社区服务工作的意见》
国发〔2006〕14号

　　支持社会各方面力量利用闲置设施、房屋等资源兴办购物、餐饮、就业、医疗、废旧物资回收等与居民生活密切相关的服务网点，并维护其合法权益。鼓励和支持各类组织、企业和个人开展社区服务业务。鼓励相关企业通过连锁经营提供购物、餐饮、家政服务、洗衣、维修、再生资源回收、中介等社区服务。

《国务院关于深化流通体制改革
加快流通产业发展的意见》
国发〔2012〕39号

　　完善社区商业网点配置，新建社区（含廉租房、公租房等保障性住房小区、棚户区改造和旧城改造安置住房小区）商业和综合服务设施面积占社区总建筑面积的比例不得低于10%。地方政府应出资购买一部分商业用房，用于支持社区菜店、菜市场、农副产品平价商店、便利店、早餐店、家政服务点等居民生活必备的商业网点建设。

3 市政配套基础设施完备

3.1 水、电、路、气、热、信等设施

3.2 停车及充电设施

3.3 慢行系统

3.4 无障碍设施

3.5 环境卫生设施

居住区内的市政配套基础设施一般包括水、电、路、气、热、信等设施，停车、充电、无障碍和环境卫生设施，以及连贯各类配套设施、公共活动空间与住宅的慢行系统。完整居住社区要建设完备的市政配套基础设施，保障社区的基本安全和运转稳定，鼓励有条件的社区建设达到节能减排、智慧运维等高品质要求的市政基础设施。

3.1 水、电、路、气、热、信等设施

市政基础设施是保障城市社会经济活动正常进行的基本设施，是企事业单位生产经营和社区居民居住生活的物质基础，主要包括供水、排水、供电、道路、供气、供热和通信设施。完整居住社区应提供运行安全、供给稳定的市政基础设施，以保证居民生活的安全性和供给的稳定性。

■ **建设要求**

完整居住社区要建设供水、排水、供电、道路、供气、供热（集中供热地区）、通信等设施，达到设施完好、运行安全、供给稳定等要求，实现光纤入户和多网融合，推动5G网络进社区，建设社区智能安防设施及系统。

■ **建设原则**

新建居住社区应综合规划建设市政基础设施；既有居住社区和城镇老旧小区重点提升改造和补齐设施短板，保障居住社区安全和正常运行；鼓励有条件的社区，建设达到节能减排、智慧运维等高品质要求的市政基础设施。

完整居住社区市政基础设施建设原则　　　　表2-2

设施类型	建设原则
供水	1. 供水设施完好，水压稳定，水质达标 2. 使用高效节水器具和设备 3. 有条件的社区，配备高品质供水系统，实施智能供水检测和收费

续表

设施类型	建设原则
排水	1. 实现市政排水与污水管网覆盖，生活污水规范接入市政管网，无雨污管网混接、错接问题 2. 排水设施完好，排水通畅，无易涝积水问题 3. 有条件的社区，配备雨水渗透、收集和净化系统，达到海绵社区建设要求
供电	1. 供配电设施安全可靠，无漏电、超负荷运行等问题 2. 供电线路规整，无"蜘蛛网"现象 3. 有条件的社区，实施电缆入地，建成智能用电小区
道路	1. 路面平整，无坑洼、破损等安全隐患 2. 通行顺畅，与城市路网联系便捷，满足消防车、急救车通达要求 3. 照明设施节能，满足夜间照明要求，有条件的社区配备智慧化节能控制系统
供气	1. 用气供应稳定，满足居民日常需要 2. 用气安全，配备泄漏报警系统，定期检修，无安全隐患 3. 有条件的社区，实现管道供气入户，配备智能化供气监控系统
供热	1. 供热设施完好，达到采暖区供热要求 2. 新建建筑符合保温要求，既有建筑实施保温改造 3. 有条件的社区，供热管网实施地下敷设，供热效能较高，做到供热监管与温控调度
通信	1. 实现光纤入户和多网融合，移动通信网路覆盖社区 2. 通信线路规整，无"蜘蛛网"现象 3. 有条件的社区，实现通信线路入地，物联网、AI技术进入社区，建成智慧社区

■ 相关政策文件节选

《国务院办公厅关于全面推进城镇老旧小区改造工作的指导意见》
国办发〔2020〕23号

基础类。为满足居民安全需要和基本生活需求的内容，主要是市政配套基础设施改造提升以及小区内建筑物屋面、外墙、楼梯等公共部位维修等。其中，改造提升市政配套基础设施包括改造提升小区内部及与小区联系的供水、排水、供电、弱电、道路、供气、供热、消防、安防、生活垃圾分类、移动通信等基础设施，以及光纤入户、架空线规整（入地）等。

《住房和城乡建设部等部门关于印发绿色社区创建行动方案的通知》
建城〔2020〕68号

推进社区基础设施绿色化。结合城市更新和存量住房改造提升，以城镇老旧小区改造、市政基础设施和公共服务设施维护等工作为抓手，积极改造提升社区供水、排水、供电、弱电、道路、供气、消防、生活垃圾分类等基础设施，在改造中采用节能照明、节水器具等绿色产品、材料。综合治理社区道路，消除路面坑洼破损等安全隐患，畅通消防、救护等生命通道。加大既有建筑节能改造力度，提高既有建筑绿色化水平。

3.2 停车及充电设施

近年来，随着人民物质生活水平的不断提升，我国城市机动车保有量日益增长，居住社区停车位供给普遍不足。另外，我国新能源汽车呈高速增长态势，社区内电动汽车充电设施不足的问题亟待解决。

■ **建设要求**

完整居住社区要提供安全、便捷的停车及充电设施，满足居民停车需求，并制定规范有序的社区停车管理措施。

新建居住社区按照不低于每户1车位配建机动车停车位，100%停车位建设充电设施或预留建设安装条件。既有居住社区统筹空间资源和管理措施，协调解决停车问题，防止乱停车和占用消防通道现象。建设非机动车停车棚、停放架等设施。具备条件的居住社区，建设电动车集中停放和充电场所，并做好消防安全管理。

图2-28 立体停车设施示意

■ **建设原则**

居住社区停车和充电设施的建设应贯彻资源节约、环境友好、社会公平、安全便捷的原则，根据当地机动车化发展水平、居住区所处区位、用地条件、居民需求等因素综合确定停车和充电设施的供给方案。

机动车停车位（场）应设置合理，停车管理规范有序，不占用、堵塞消防通道。停车困难的社区，可利用楼边、路边等边角地以及改造既有平面停车设施等，增加停车位。推行错时停车，鼓励与周边商业办公类建筑共享利用停车泊位。有条件的社区，配置智能停车管理系统。

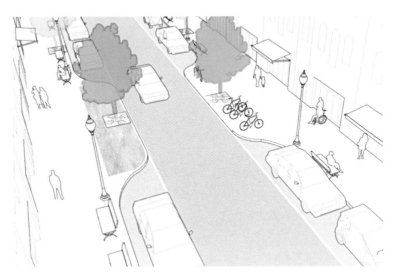

图2-29 社区道路两侧增设停车位示意

此外，根据《无障碍设计规范》GB 50763—2012中的相关规定，居住社区停车场和车库应按照不少于总停车位0.5%的比例设置无障碍机动车停车位；如停车场规模较小，应设置不少于1个无障碍机动车停车位。

非机动车停放点应小规模分散布置，配置非机动车停车棚、停放架等设施；增设电动自行车充电桩；电动自行车集中停放及充电场所应加强消防安全管理。

图2-30　非机动车停车棚示意

图2-31　非机动车充电设施示意

■　相关政策文件节选

《国务院办公厅关于加快电动汽车充电基础设施
建设的指导意见》
国办发〔2015〕73号

　　要以用户居住地停车位、单位停车场、公交及出租车场站等配建的专用充电设施为主体，以公共建筑物停车场、社会公共停车场、临时停车位等配建的公共充电设施为辅助，以独立占地的城市快充站、换电站和高速公路服务区配建的城际快充站为补充，形成电动汽车充电基础设施体系。原则上，新建住宅配建停车位应100%建设充电设施或预留建设安装条件，大型公共建筑物配建停车场、社会公共停车场建设充电设施或预留建设安装条件的车位比例不低于10%，每2000辆电动汽车至少配套建设一座公共充电站。鼓励建设占地少、成本低、见效快的机械式与立体式停车充电一体化设施。

《住房和城乡建设部等部门关于推动物业服务企业
加快发展线上线下生活服务的意见》
建房〔2020〕99号

　　实现车辆管理智能化。加强车辆出入、通行、停放管理。增设无人值守设备，实现扫码缴费、无感支付，减少管理人员，降低运营成本，提高车辆通行效率。统筹车位资源，实现车位智能化管理，提高车位使用率。完善新能源车辆充电设施，方便绿色出行。实时监控车辆和道闸、充电桩等相关设施设备运行情况，保障车辆行驶和停放安全。

《住房城乡建设部关于加强城市停车设施管理的通知》
建城〔2015〕141号

　　鼓励并引导政府机关、公共机构和企事业单位的内部停车场对外开放，盘活存量停车资源。推行错时停车，鼓励有条件的居住区与周边商业办公类建筑共享利用停车泊位。实行错时停车的，双方应在公平协商的基础上签订共享协议，公示泊位数量、停放区域、管理措施等信息。允许个人利用互联网信息技术，将个人所有停车设施错时、短时出租、出借，并取得相应收益。

3.3 慢行系统

完整居住社区鼓励建设慢行友好的社区交通环境，建立便捷连通、舒适宜人的慢行网络，提升慢行交通的比例与品质，促进居民健康。一方面，要加强社区内各项基本服务设施、公共活动空间的慢行联系；另一方面，要与城市慢行系统相衔接，方便居民通过慢行的方式到达社区周边城市公共服务设施、公交站点和公园绿地。

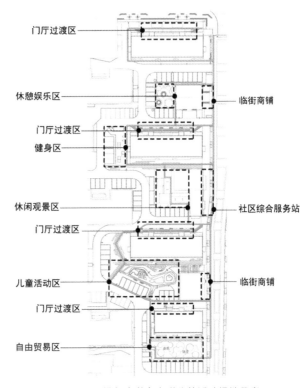

图2-32 慢行步道旁串联公共活动场地示意

■ **建设要求**

完整居住社区要建设联贯各类配套设施、公共活动空间与住宅的慢行系统，与城市慢行系统相衔接。社区居民步行10min可以到达公交站点。

■ **建设原则**

提升慢行交通的比例与品质，建立便捷连通、舒适宜人的步行网络，促进居民健康。加强社区与公园绿地、公共活动场地、公共交通站点、各类公共服务设施较集中的场所之间的有效联系。

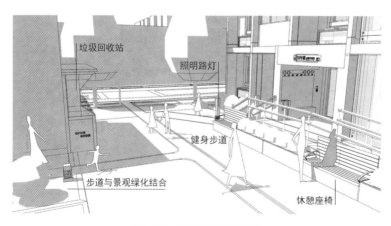

图2-33 社区慢行系统示意

　　有条件的社区，宜采用人车分流的交通组织模式，减少机动车与步行者、骑行者之间的干扰和冲突；结合慢行系统建设社区绿道，铺装选择坚实、牢固、防滑和透水的材料，沿线设置休憩座椅、垃圾箱、夜间照明等设施；社区入口、道路交叉口等重要节点处宜设置社区地图、导视牌、警示牌等标识，形成醒目、易辨识的社区导视系统。

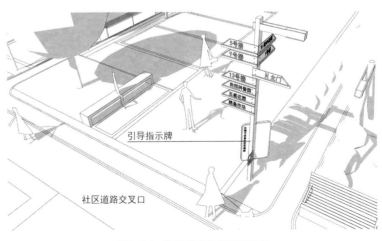

图2-34　社区引导标识系统示意

3.4 无障碍设施

无障碍设施是方便残障人士、老年人等行动不便或有视力障碍者使用的安全设施。加强无障碍设施建设，是保障弱势群体参与社会生活、共享经济发展成果的必要条件。《无障碍环境建设条例》（国令第622号）指出，社区公共服务设施应当逐步完善无障碍服务功能，为残障人士、老年人等社会成员参与社区生活提供便利。

■ 建设要求

完整居住社区要加强无障碍环境建设，住宅和公共建筑出入口设置轮椅坡道和扶手，公共活动场地、道路等户外环境建设符合无障碍设计要求。具备条件的居住社区，实施加装电梯等适老化改造。对有条件的公共服务设施，设置低位服务柜台、信息屏幕显示系统、盲文或有声提示标识。

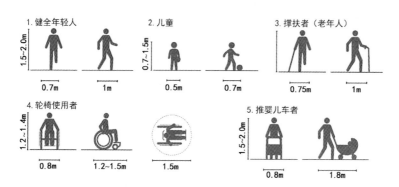

图2-35　无障碍设施应满足使用人群的人体尺度

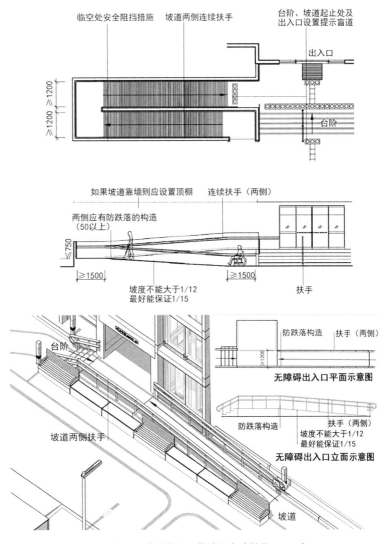

临空处安全阻挡措施　坡道两侧连续扶手

台阶、坡道起止处及
出入口设置提示盲道

出入口

≥1200　≥1200

≥1200

台阶

如果坡道靠墙则应设置顶棚　　连续扶手（两侧）

两侧应有防跌落的构造
（50以上）

≤750

≥1500　　　　　　　　　　≥1500

坡度不能大于1/12
最好能保证1/15

扶手

台阶

防跌落构造　扶手（两侧）

≥1200

无障碍出入口平面示意图

坡道两侧扶手

防跌落构造　　　扶手（两侧）
坡度不能大于1/12
最好能保证1/15

无障碍出入口立面示意图

坡道

图2-36　无障碍出入口做法示意（单位：mm）

■ 建设原则

无障碍设施建设应符合《无障碍设计规范》GB 50763—2012中的相关要求，与经济和社会发展水平相适应，遵循实用、易行、广泛受益的原则，为残障人士、老年人等提供便利。

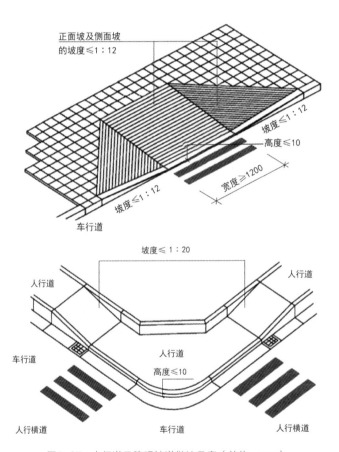

图2-37 人行道无障碍坡道做法示意（单位：mm）

　　住宅、各类配套服务设施出入口有高差处应设置轮椅坡道及助力扶手，采用防滑材料。既有住宅应结合实际，实施加装电梯改造，电梯轿厢应满足一位乘轮椅者和一位陪护人员共同乘梯需要，有条件时宜采用可容纳担架的电梯。运动场地、活动场地、儿童游戏场地、健身步道等应满足无障碍建设要求，实现全龄友好。社区出入口应设有联贯社区公共绿地、公共活动场所、各类配套服务设施和住宅的无障碍人行道系统，并与周边城市道路和公共交通站点无障碍接驳。

1：8坡道最大高度及水平长度　1：12坡道最大高度及水平长度　1：20坡道最大高度及水平长度

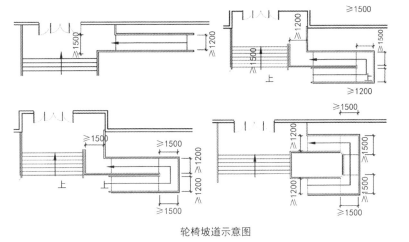

轮椅坡道示意图

图2-38　无障碍出入口轮椅坡道做法示意（单位：mm）

■ **相关政策文件节选**

《无障碍环境建设条例》
国令第622号

第九条 城镇新建、改建、扩建道路、公共建筑、公共交通设施、居住建筑、居住区，应当符合无障碍设施工程建设标准。

第二十七条 社区公共服务设施应当逐步完善无障碍服务功能，为残疾人等社会成员参与社区生活提供便利。

3.5　环境卫生设施

随着经济社会发展和物质消费水平大幅提高，我国生活垃圾产生量迅速增长，导致社区环境问题日益凸显。通过建设社区生活垃圾收集站，实施生活垃圾分类，可有效改善社区居住环境，促进资源的回收再利用。

■　建设要求

完整居住社区要实行生活垃圾分类，设置多处垃圾分类收集点，新建居住社区宜建设一个用地面积不小于120m²的生活垃圾收集站。建设一个建筑面积不小于30m²的公共厕所，城镇老旧小区等受场地条件约束的既有居住社区，可以采用集成箱体式公共厕所。

图2-39　垃圾分类收集点应设置相应的提示标识

■ **建设原则**

垃圾分类收集点的布局应避开人流汇集区域，并配置分类投放的垃圾箱、设置相应的提示标识，说明分类投放要求和收集管理方法。有条件的社区，可设置智能垃圾分类收集设施。

便捷、卫生的公共厕所体现了社区的人性化服务水平。有条件的社区，配置供老年人、残障人士使用的无障碍厕所（厕位）；条件有限的社区，可采用集成箱体式公共厕所。

■ **相关政策文件节选**

> **《住房和城乡建设部等部门关于在全国地级及以上城市全面开展生活垃圾分类工作的通知》**
> **建城〔2019〕56号**
>
> 实施生活垃圾分类的单位、社区要优化布局，合理设置垃圾箱房、垃圾桶站等生活垃圾分类收集站点。生活垃圾分类收集容器、箱房、桶站应喷涂统一、规范、清晰的标志和标识，功能完善，干净无味。有关单位、社区应同步公示生活垃圾分类收集点的分布、开放时间，以及各类生活垃圾的收集、运输、处置责任单位、收运频率、收运时间和处置去向等信息。

《城市环境卫生设施规划标准》
GB/T 50337—2018

生活垃圾收集点的服务半径不宜超过70m，宜满足居民投放生活垃圾不穿越城市道路的要求。

大于5000人的居住小区（或组团）及规模较大的商业综合体可单独设置收集站。

收集站用地指标

规模（t/d）	用地面积（m²）	与相邻建筑间距（m）
20~30	300~400	≥10
10~20	200~300	≥8
<10	120~200	≥8

注：1 带有分类收集功能或环卫工人休息功能的收集站，应当适当增加占地面积；
　　2 与相邻建筑间隔自收集站外墙起计算。

公共厕所设置标准

城市用地类型	设置密度（座/km²）	建筑面积（m²/座）	独立式公共厕所用地面积（m²/座）
居住用地（R）	3~5	30~80	60~120

4　公共活动空间充足

4.1　公共活动场地

4.2　公共绿地

公共活动场地和公共绿地是社区居民进行社会交往、康体娱乐、休闲游憩的空间，在紧急情况下可转换为应急避难场所。完整居住社区要建设充足的公共活动空间，提供多样的活动设施和良好的景观环境，满足社区居民日常活动需求。

4.1 公共活动场地

公共活动场地兼具居民日常休憩、娱乐、健身和交往等功能，是居住社区使用频率最高的空间载体。

■ 建设要求

完整居住社区至少有一片公共活动场地（含室外综合健身场地），用地面积不小于150m²，配置健身器材、健身步道、休息座椅等设施，以及沙坑等儿童娱乐设施。新建居住社区建设一片不小于800m²的多功能运动场地，配置5人制足球、篮球、排球、乒乓球、门球等球类场地，在紧急情况下可以转换为应急避难场所。既有居住社区要因地制宜改造宅间绿地、空地等空间，增加公共活动场地。

图2-40 社区公共活动场地示意

■ 建设原则

居住社区内公共活动场地的建设应遵循安全、舒适、多样的原则。新建居住社区应营造良好公共空间环境，配置多样的运动场地，满足居民绿色健康生活需求；城镇老旧小区应充分利用街头巷尾、闲置地块等增加公共空间，鼓励与周边小区共建共享活动场地。

公共活动场地及设施的建设应符合《公共体育设施 室外健身设施应用场所安全要求》GB/T 34284—2017、《公共体育设施 室外健身设施的配置与管理》GB/T 34290—2017、《健身器材和健身场所安全标志和标签》GB/T 34289—2017和《城市社区体育设施建设用地指标》的相关规定。

■ 选址布局

公共活动场地应坚持以人为本的原则，选择方便安全，便于群众参与活动，对居民生活休息干扰小的地段；应结合居民人口结构，配置类型多样的设施，包括沙坑、儿童娱乐设施、健身器材、健身步道、休息座椅等，重点满足各类人群活动的需要。

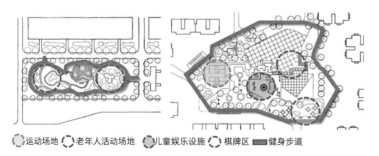

◐ 运动场地 ◌ 老年人活动场地 ◑ 儿童娱乐设施 ✦ 棋牌区 ▰ 健身步道

图2-41 多样的公共活动场地及设施示意

▦ 相关政策文件节选

《国务院办公厅关于印发体育强国建设纲要的通知》
国办发〔2019〕40号

统筹建设全民健身场地设施。加强城市绿道、健身步道、自行车道、全民健身中心、体育健身公园、社区文体广场以及足球、冰雪运动等场地设施建设，与住宅、商业、文化、娱乐等建设项目综合开发和改造相结合，合理利用城市空置场所、地下空间、公园绿地、建筑屋顶、权属单位物业附属空间。

《国务院办公厅关于加强全民健身场地设施建设发展群众体育的意见》
国办发〔2020〕36号

社区健身设施未达到规划要求或建设标准的既有居住小区，要紧密结合城镇老旧小区改造，统筹建设社区健身设施。不具备标准健身设施建设条件的，鼓励灵活建设非标准健身设施。

4.2 公共绿地

公共绿地是指具有一定环境景观和活动设施的绿化场所，起到美化社区环境、提供休憩交往空间，以及在紧急情况下防灾避险等作用。社区内的公共绿地可通过慢行系统，与城市综合公园、专类公园等公园绿地相衔接，形成连续的城市绿地系统。

■ 建设要求

完整居住社区至少有一片开放的公共绿地。新建居住社区至少建设一个不小于4000m²的社区游园，设置10%~15%的体育活动场地。既有居住社区应结合边角地、废弃地、闲置地等改造建设"口袋公园""袖珍公园"等。社区公共绿地应配备休憩设施，景观环境优美，体现文化内涵，在紧急情况下可转换为应急避难场所。

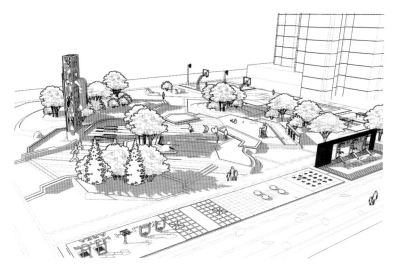

图2-42　公共活动场地与公共绿地统筹设置示意

◼ 建设原则

　　社区公共绿地应具有良好的空间环境品质，与城市风貌及周边环境相协调，彰显城市和社区的文化内涵。应体现人性化的原则，根据社区居民的年龄构成与人群诉求，因地制宜布置功能与设施，满足居民日常游憩、休闲健身等使用需求。宜通过慢行系统，与城市综合公园、专类公园等绿地衔接，形成连续的城市绿地系统。

图2-43　满足日常游憩需求的公共绿地示意

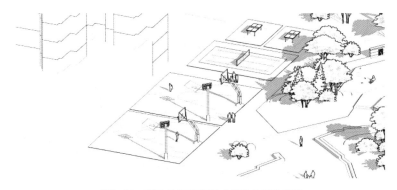

图2-44　满足休闲健身需求的公共绿地示意

■ **选址布局**

鼓励在养老设施、社区卫生服务站周边布置以康体运动场地为主的公共绿地，在托幼设施附近布置以儿童游戏场地为主的公共绿地。

既有居住社区若空间条件有限，应充分改造利用边角地、废弃地、闲置地等低效空间，建设"口袋公园"或"袖珍公园"。"口袋公园""袖珍公园"具有小、多、散的特点，可结合街道、公共建筑、名胜古迹、古树名木等因地制宜分散布局，也可结合城市更新和街区改造，通过留白增绿、见缝插绿、拆违复绿、拆墙透绿等方式，灵活利用各类城市零散用地进行建设。

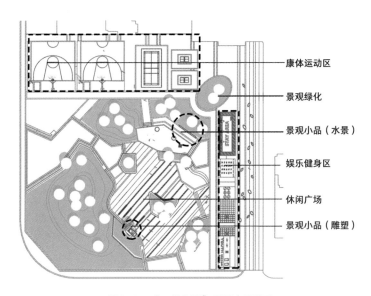

图2-45 "口袋公园"平面布局示意

5　物业管理全覆盖

5.1　物业服务

5.2　物业管理服务平台

完整居住社区鼓励引入专业化物业服务，暂不具备条件的社区，可通过社区托管、社会组织代管或居民自管等方式，提高物业管理覆盖率。通过建立物业管理服务平台，推动物业服务企业发展线上线下社区服务业，实现数字化、智能化、精细化管理和服务，提高社区管理和服务的效率，为居民提供便捷的生活服务。

5.1 物业服务

物业管理服务与社区居民的日常生活密切相关，是维护社区安全、保障秩序稳定的中坚力量。因此，应当尽可能提升居住社区物业管理覆盖率，使更多的社区在管理和服务方面有基本的保障。鼓励社区引入专业化物业服务，提升物业服务人性化和精细化水平。

■ 建设要求

完整居住社区鼓励引入专业化物业服务，暂不具备条件的，可通过社区托管、社会组织代管或居民自管等方式，提高物业管理覆盖率。新建居住社区按照不低于物业总建筑面积2‰比例且不小于50m²配置物业管理用房，既有居住社区因地制宜配置物业管理用房。

■ 建设原则

物业应从管理制度、秩序维护、环境卫生等方面规范相关管理服务内容，并向居民进行公示，接受业主监督。

在管理制度方面，应建立住宅专项维修基金，其管理、使用、续筹符合有关规定；建立24h值班制度，接受并及时处理业主对物业管理服务报修、求助、投诉等各类信息；建立并落实便民维修服务制度，制定合理的入户服务收费标准。

在秩序维护方面，应有专业保安队伍，实行24h值班及巡逻制度；配备必要的消防设备和设施，消防通道保持畅通，制定消防应急方案，定期组织消防演习；机动车及非机动车停车场车辆停放有序，无安全隐患。

在环境卫生服务方面，清洁卫生应实行责任制，有专职的清洁人员和明确的责任范围；房屋公共部位保持清洁，无乱贴、乱画，无擅自占用和堆放杂物现象。

另外，每个居住社区的物业应当有一定面积的管理用房，用于满足办公、设备存放等需求。

■ **相关政策文件节选**

《物业管理条例》
国令第379号第三次修订

第三十条 建设单位应当按照规定在物业管理区域内配置必要的物业管理用房。

第三十七条 物业管理用房的所有权依法属于业主。未经业主大会同意，物业服务企业不得改变物业管理用房的用途。

第四十条 物业服务收费应当遵循合理、公开以及费用与服务水平相适应的原则，区别不同物业的性质和特点，由业主和物业服务企业按照国务院价格主管部门会同国务院建设行政主管部门制定的物业服务收费办法，在物业服务合同中约定。

第四十五条 对物业管理区域内违反有关治安、环保、物业装饰装修和使用等方面法律、法规规定的行为，物业服务企业应当制止，并及时向有关行政管理部门报告。

第四十六条 物业服务企业应当协助做好物业管理区域内的安全防范工作。发生安全事故时，物业服务企业在采取应急措施的同时，应当及时向有关行政管理部门报告，协助做好救助工作。

5.2 物业管理服务平台

物业管理服务平台是推进智慧社区建设、提升物业管理智能化水平的载体。完整居住社区的建设鼓励运用互联网、大数据、人工智能等技术,建立智能化的物业管理服务平台,在公共服务、商业服务、设备管理、安防管理等方面为居民提供高效、便捷的服务内容。

■ **建设要求**

完整居住社区要建立物业管理服务平台,推动物业服务企业发展线上线下社区服务业,实现数字化、智能化、精细化管理和服务。

■ **建设原则**

《住房和城乡建设部等部门关于推动物业服务企业加快发展线上线下生活服务的意见》(建房〔2020〕99号)中指出,推进物业管理智能化主要可从设施设备管理、车辆管理和社区安全管理三个方面着手:

1)推动设施设备管理智能化。提高设施设备智能管理水平,实现智能化运行维护、安全管理和节能增效。通过基于位置的服务(LBS)、声源定位等技术,及时定位问题设备,实现智能派单,快速响应,提高维修管理效率。通过大数据智能分析,对消防、燃气、变压器、电梯、水泵、窨井盖等设施设备设置合理报警阈值,动态监测预警情况,有效识别安全隐患,及时防范化解相关风险。监测分析设施设备运行高峰期和低谷期情况,科学合理制定设备运行时间表,加强节能、节水、节电控制,有效降低能耗。

2)实现车辆管理智能化。加强车辆出入、通行、停放管理。增设无人值守设备,实现扫码缴费、无感支付,减少管理人员，降低运营成本，提高车辆通行效率。统筹车位资源，实现车位智能化管理，提高车位使用率。完善新能源车辆充电设施，方便绿色出行。实时监控车辆和道闸、充电桩等相关设施设备运行情况，保障车辆行驶和停放安全。

3）促进居住社区安全管理智能化。推动智能安防系统建设，建立完善智慧安防小区，为居民营造安全的居住环境。完善出入口智能化设施设备，为居民通行提供安全、快捷服务。根据居民需要，为儿童、独居老人等特殊人群提供必要帮助。加强对高空抛物、私搭乱建、侵占绿地等危害公共环境和扰乱公共秩序的行为分析，及时报告有关部门，履行安防管理职责。

图2-46　社区政务服务一体机

另外，在推动物业服务企业发展线上线下社区服务业的过程中，可重点围绕以下四个方面开展：

1）拓宽物业服务领域。鼓励物业服务企业依托智慧物业管理服务平台，发挥熟悉居民、服务半径短、响应速度快等优势，在做好物业基础服务的同时，为家政服务、电子商务、居家养老、快递代收等生活服务提供便利。发挥物业服务企业连接居住社区内外的桥梁作用，精准掌握居民消费需求，对接各类供给端，通过集中采购等方式，为居民提供优质商品和服务。推动物业服务线上线下融合，促进物业服务企业由物的管理向居民服务转型升级。

2）对接各类商业服务。构建线上线下生活服务圈，满足居民多样化生活服务需求。连接居住社区周边餐饮、购物、娱

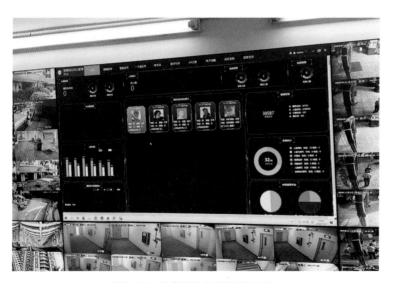

图2-47　数字化物业管理服务平台

乐等商业网点，对接各类电子商务平台，为居民提供定制化产品和个性化服务，实现家政服务、维修保养、美容美发等生活服务一键预约、服务上门，丰富生活服务内容。通过在居住社区布设智能快递柜、快件箱、无人售卖机等终端，发展智能零售。

3）提升公共服务效能。推进智慧物业管理服务平台与城市政务服务一体化平台对接，促进"互联网+政务服务"向居住社区延伸，打通服务群众的"最后一公里"。对接房屋网签备案、住房公积金、住房保障、城市管理、医保、行政审批、公安等政务服务平台，为政务服务下沉到居住社区提供支撑。对接供水、供电、供气、供暖、医疗、教育等公用事业服务平台，为居民提供生活缴费、在线预约等

图2-48 安全监控设施

便民服务。鼓励物业服务企业线下"代跑腿""接力办"，助力实现公共服务线上"一屏办""指尖办"。

4）发展居家养老服务。以智慧物业管理服务平台为支撑，大力发展居家养老服务。通过线上预约，为老年人提供助餐、助浴、保洁、送药等生活服务。对接医疗医保服务平台，提供医疗资源查询、在线预约挂号、划价缴费、诊疗报告查询、医保信息查询、医疗费用报销等医疗医保服务。加强动态监测，为居家养老提供安全值守、定期寻访、疾病预防、精神慰藉等服务，降低老年人发生意外的风险。

■ **相关政策文件节选**

> ### 《中共中央办公厅、国务院办公厅关于加强和改进城市社区居民委员会建设工作的意见》
> #### 中办发〔2010〕27号
>
> 积极推进社区信息化建设。整合社区现有信息网络资源，鼓励建立覆盖区（县、市）或更大范围的社区综合信息管理和服务平台，实现数据一次收集、资源多方共享。整合区、街道、社区面向居民群众、驻区单位服务的内容和流程，建设集行政管理、社会事务、便民服务为一体的社区信息服务网络，逐步改善社区居民委员会信息技术装备条件，提高社区居民信息技术运用能力，全面支撑社区管理和服务工作。积极推进社区居民委员会内部管理电子化，减轻工作负担，提高工作效率。

《中共中央　国务院关于加强和完善城乡社区治理的意见》
中发〔2017〕13号

按照分级分类推进新型智慧城市建设要求，务实推进智慧社区信息系统建设，积极开发智慧社区移动客户端，实现服务项目、资源和信息的多平台交互和多终端同步。强化社区文化引领能力。以培育和践行社会主义核心价值观为根本，大力弘扬中华优秀传统文化，培育心口相传的城乡社区精神，增强居民群众的社区认同感、归属感、责任感和荣誉感。将社会主义核心价值观融入居民公约、村规民约，内化为居民群众的道德情感，外化为服务社会的自觉行动。

《住房和城乡建设部等部门关于推动物业服务企业加快发展线上线下生活服务的意见》
建房〔2020〕99号

拓宽物业服务领域。鼓励物业服务企业依托智慧物业管理服务平台，发挥熟悉居民、服务半径短、响应速度快等优势，在做好物业基础服务的同时，为家政服务、电子商务、居家养老、快递代收等生活服务提供便利。发挥物业服务企业连接居住社区内外的桥梁作用，精准掌握居民消费需求，对接各类供给端，通过集中采购等方式，为居民提供优质商品和服务。推动物业服务线上线下融合，促进物业服务企业由物的管理向居民服务转型升级。

6　社区管理机制健全

6.1　管理机制

6.2　综合管理服务

6.3　社区文化

完整居住社区要建立"党委领导、政府组织、业主参与、企业服务"的居住社区管理机制。推动城市管理进社区，将城市综合管理服务平台与物业管理服务平台相衔接，提高城市管理覆盖面。积极调动社区居民参与社区事务的积极性，制定并发布社区居民公约，营造富有特色的社区文化。

6.1　管理机制

完整居住社区的建设和管理应充分发挥基层党组织领导核心作用，发挥好党的组织优势，引导社区管理由政府主导向社会多方参与转变，既要发挥政府在设施建设、基本服务中的兜底保障作用，也强调发挥居民和社会组织的主体作用，构建"纵向到底、横向到边、共建共治共享"的社区管理体系。

▨　建设要求

完整居住社区要建立"党委领导、政府组织、业主参与、企业服务"的居住社区管理机制。推动城市管理进社区，将城市综合管理服务平台与物业管理服务平台相衔接，提高城市管理覆盖面。

▨　建设原则

创新社区管理和服务模式，以智慧社区物业管理服务平台为支撑，促进公共事务和便民服务智能化，提升社区治理现代化水平，实现"运行更加安全、秩序更加良好、环境更加宜居、管理更加智慧"的目标。

■ 相关政策文件节选

《中共中央 国务院关于深入推进城市执法体制改革改进城市管理工作的指导意见》
2015年12月24日

加强社区服务型党组织建设，充分发挥党组织在基层社会治理中的领导核心作用，发挥政府在基层社会治理中的主导作用。建立健全市、区（县）、街道（乡镇）、社区管理网络，科学划分网格单元，将城市管理、社会管理和公共服务事项纳入网格化管理。明确网格管理对象、管理标准和责任人，实施常态化、精细化、制度化管理；依法建立社区公共事务准入制度，充分发挥社区居委会作用，增强社区自治功能。

《中共中央 国务院关于加强和完善城乡社区治理的意见》
中发〔2017〕13号

充分发挥基层党组织领导核心作用。把加强基层党的建设、巩固党的执政基础作为贯穿社会治理和基层建设的主线，以改革创新精神探索加强基层党的建设引领社会治理的路径。加强和改进街道（乡镇）、城乡社区党组织对社区各类组织和各项工作的领导，确保党的路线方针政策在城乡社区全面贯彻落实。推动管理和服务力量下沉，引导基层党组织强化政治功能，聚焦主业主责，推动街道（乡镇）党（工）委把工作重心转移到基层党组织建设上来，转移到做好公共服务、公共管理、公共安全工作上来，转移到为经济社会发展提供良好公共环境上来。

**《中共中央办公厅关于加强和改进城市基层党的
建设工作的意见》**
2019年5月8日

　　面对新形势新任务新挑战，各地区各部门要站在确保党长期执政、国家长治久安、人民安居乐业的高度，充分认识加强和改进城市基层党建工作的重要性紧迫性，认真落实新时代党的建设总要求和新时代党的组织路线，突出政治功能和组织力，严密组织体系，强化系统建设和整体建设，充分发挥街道社区党组织领导作用，有机联结单位、行业及各领域党组织，构建区域统筹、条块协同、上下联动、共建共享的城市基层党建工作新格局，为建设和谐宜居、富有活力、各具特色的现代化城市，走出一条中国特色城市发展道路，提供坚强组织保证。

6.2 综合管理服务

完整居住社区要提供全面、综合的管理服务，可通过开展"美好环境与幸福生活共同缔造"等活动，组织并引导居民共同参与到环境提升、制度优化等社区管理工作当中。

■ 建设要求

完整居住社区要依法、依规查处私搭乱建等违法、违规行为。组织引导居民参与社区环境整治、生活垃圾分类等活动。

■ 建设原则

在社区综合管理服务中，以改善群众身边、房前屋后人居环境的实事、小事为切入点，搭建社区沟通议事平台，发动和组织群

图2-49 开展社区居民满意度调查

众，激发社区居民参与社区建设的热情，探索"决策共谋、发展共建、建设共管、效果共评、成果共享"的工作路径。

1）决策共谋

开展多种形式的基层协商，充分发挥社区居民的主体作用，共同确定社区需要解决的突出问题，共同研究解决方案，激发社区居民参与人居环境建设和整治工作的热情，使社区居民从"要我干"转变为"我要干"，使基层政府和相关部门从传统的决策者、包办者转变为引导者、辅导者和激励者。

2）发展共建

充分激发社区居民的"主人翁"意识，发动社区居民积极投工投劳整治房前屋后的环境，主动参与老旧小区改造、生活垃圾分类及公共空间的建设和改造，主动配合配套基础设施和公共服务设施建设，珍惜用心用力共建的劳动成果，持续保持社区美好环境。

图2-50　与居民共谋社区改造对策

组织协调各方面力量共同参与人居环境建设和整治工作，推动规划师、建筑师、工程师进社区，组织在职党员开展共产党员社区奉献日、在职党员义务服务周等活动，共同为人居环境建设贡献力量。

3）建设共管

鼓励社区居民针对社区环境卫生、公共空间管理、停车管理、生活垃圾分类等内容，通过社区居委会或居民自治组织，共同商议拟订居民公约并监督执行，通过多种方式激励社区居民、企业、社会组织积极参与人居环境建设成果的维护管理。

4）效果共评

建立健全城乡人居环境建设和整治项目及"共同缔造"活动开展情况的评价标准和评价机制，组织社区居民对活动实效进行评

图2-51　居民自发参与社区环境改造

价和反馈，持续推动各项工作的改进。

5）成果共享

建设"整洁、舒适、安全、美丽"的社区环境，形成和睦的邻里关系和融洽的社区氛围，让社区居民有更多的获得感、幸福感和安全感，实现政府治理和社会调节、居民自治的良性互动，打造共建共治共享的社会治理格局。

图2-52　组织公众参与社区美化墙绘活动

■ **相关政策文件节选**

《住房和城乡建设部关于在城乡人居环境建设和整治中开展美好环境与幸福生活共同缔造活动的指导意见》
建村〔2019〕19号

坚持社区为基础。把城乡社区作为人居环境建设和整治基本空间单元，着力完善社区配套基础设施和公共服务设施，打造宜居的社区空间环境，营造持久稳定的社区归属感、认同感，增强社区凝聚力。

坚持群众为主体。践行"一切为了群众、一切依靠群众，从群众中来、到群众中去"的群众路线，注重发挥群众的首创精神，尊重群众意愿，从群众关心的事情做起，从让群众满意的事情做起，激发群众参与，凝聚群众共识。

坚持共建共治共享。通过决策共谋、发展共建、建设共管、效果共评、成果共享，推进人居环境建设和整治由政府为主向社会多方参与转变，打造新时代共建共治共享的社会治理新格局。

在城市社区，可在正在开展的老旧小区改造、生活垃圾分类等工作的基础上，解决改善小区绿化和道路环境、房前屋后环境整治、增加公共活动空间、完善配套基础设施和公共服务设施、老旧小区加装电梯和增加停车设施、建筑节能改造等问题。

6.3 社区文化

社区文化是指社区居民在特定区域内长期实践过程中逐步形成和发展起来的有一定特点的价值观念、生活方式、行为模式和群体意识等文化现象。良好的社区文化倡导积极的价值观和人生观，有助于引导社区居民形成健康积极的行为方式，增进居民的认同感和归属感。

▓ 建设要求

完整居住社区要举办文化活动，制定发布社区居民公约，营造富有特色的社区文化。

▓ 建设原则

社区可通过开展群众喜闻乐见的文化活动，制定文明友爱的社区居民公约，鼓励引导广大群众积极参与到各项文化建设中来，加强邻里关系，提升基层治理水平。

图2-53 社区中秋节庆祝活动

图2-54　社区青少年足球运动

图2-55　宣传展示社区居民公约

　　文化活动具有凝聚情感、引导教育等功能，是推进社区文化建设的重要载体。社区应以满足居民精神文化需求为出发点和落脚点，定期组织居民开展各类文体活动，通过建立书画、歌舞、运动、阅读等文化团队的方式，结合春节、清明、端午等传统节日，传承和弘扬中华传统美德，形成睦邻友好的社区风尚，有助于提升社区居民的认同感与归属感，满足社区居民精神层面的多样化需求。

　　居民公约是引导基层群众践行社会主义核心价值观的有效途径。社区应在充分征求广大居民意见的基础上，建立社区居民公约，引导居民维护社区的良好秩序，体现社区共治精神。通过景观墙、告示牌、海报等方式宣传和展示社区居民公约，体现有特色的社区文化，营造良好的家园氛围。

图2-56　利用景观墙宣传垃圾分类知识

■ 相关政策文件节选

《国务院关于加强和改进社区服务工作的意见》
国发〔2006〕14号

发展面向基层的公益性文化事业，逐步建设方便社区居民读书、阅报、健身、开展文艺活动的场所，加强对社区休闲广场、演艺厅、棋苑、网吧等文化场所的监督管理，促进社会主义精神文明建设。

《中共中央 国务院关于加强和完善城乡社区治理的意见》
中发〔2017〕13号

强化社区文化引领能力。以培育和践行社会主义核心价值观为根本，大力弘扬中华优秀传统文化，培育心口相传的城乡社区精神，增强居民群众的社区认同感、归属感、责任感和荣誉感。将社会主义核心价值观融入居民公约、村规民约，内化为居民群众的道德情感，外化为服务社会的自觉行动。重视发挥道德教化作用，建立健全社区道德评议机制，发现和宣传社区道德模范、好人好事，大力褒奖善行义举，用身边事教育身边人，引导社区居民崇德向善。组织居民群众开展文明家庭创建活动，发展社区志愿服务，倡导移风易俗，形成与邻为善、以邻为伴、守望相助的良好社区氛围。不断加强民族团结，建立各民族相互嵌入式的社会结构和社区环境，创建民族团结进步示范社区。加强城乡社区公共文化服务体系建设，提升公共文化服务水平，因地制宜设置村史陈列、非物质文化遗产等特色文化展示设施，突出乡土特色、民族特色。积极发展社区教育，建立健全城乡一体的社区教育网络，推进学习型社区建设。

《民政部　中央组织部　中央政法委　中央文明办 司法部　农业农村部　全国妇联关于做好村规民约和 居民公约工作的指导意见》
2018年12月4日

村规民约、居民公约内容一般应包括：（1）规范日常行为。爱党爱国，践行社会主义核心价值观，正确行使权利，认真履行义务，积极参与公共事务，共同建设和谐美好村、社区等。（2）维护公共秩序。维护生产秩序，诚实劳动合法经营，节约资源保护环境；维护生活秩序，注意公共卫生，搞好绿化美化；维护社会治安，遵纪守法，勇于同违法犯罪行为、歪风邪气作斗争等。（3）保障群众权益。坚持男女平等基本国策，依法保障妇女儿童等群体正当合法权益等。（4）调解群众纠纷。坚持自愿平等，遇事多商量、有事好商量，互谅互让，通过人民调解等方式友好解决争端等。（5）引导民风民俗。弘扬向上向善、孝老爱亲、勤俭持家等优良传统，推进移风易俗，抵制封建迷信、陈规陋习，倡导健康文明绿色生活方式等。

第三章

完整居住社区建设实践

1 建设实践案例

厦门市先锋营社区　　　　　　宁波市和丰社区

厦门市鹭江老剧场　　　　　　沈阳市牡丹社区

广州市旧南海县社区　　　　　郑州市代书胡同片区

广州市三眼井社区　　　　　　盐城市万户新村社区

北京市劲松北社区　　　　　　重庆市和睦路社区

北京市水碓子西里社区　　　　重庆市凤天路社区

2 建设实践经验

自2020年8月以来，全国31个省（自治区、直辖市）开展了完整居住社区建设工作，多数城市结合老旧小区改造等工作统筹开展居住社区补短板工作。编制组通过线下走访社区和基层座谈，线上城市数据调查研究，对全国各地完整居住社区的建设实践经验进行了总结提炼，选取了典型实践案例进行分析，为完整居住社区建设提供参照。

1 建设实践案例

1.1 厦门市先锋营社区

先锋营社区位于福建省厦门市鹭江街道，社区建于20世纪70年代，内有9栋楼和370户居民。虽然先锋营社区区位优势好，周边配套好，但是环境设施老旧问题较为严重，污水多、空中管线多、占道经营多、历史违建多、老人和困难群体多。

先锋营社区在补短板的行动中，最大的特色是居民成为社区环境设施品质提升改造以及后续管理的主体。社区改造从管理机制、项目生成机制、筹资建设机制入手，充分调动群众参与，动员居民成为改造主角，实现了"社区怎么改，大家说了算""大家齐动手，社区变美丽"的目标。

多组织致力长效管理

老旧小区改造的全过程离不开长效的管理机制。先锋营社区

图3-1　先锋营社区居民主动参与社区改造

在第一时间成立了社区党支部，向居民入户宣传改造政策，帮助居民清理房前屋后的杂物，发挥了党员的先锋模范作用。同时，社区还成立了居民自治小组，选举有能力、有精力的居民代表和沿街商铺代表，定期召开议事会，协商制定社区自治管理公约，组建社区保安队伍、保洁队伍、文艺队伍等自治组织。此外，鹭江街道的家园服务中心也为居民自治组织提供了员工培训、社区资金托管等专业化的服务，提升了社区自治管理的规范化水平。

多沟通促进项目生成

在改造前，通过项目宣讲会、微信平台、网格员入户等形式，将老旧社区改造的政策、内容、标准、资金筹措等相关事宜，向社区居民详细讲解，收集居民的反馈意见，改造立项受到了92%的居民支持。为了更好地收集居民对改造项目的意见，在改造过程中，设立了社区改造服务点，招募专业社工，及时协调施工进程中碰到的各种问题。例如，入户走访残障人士和高龄长者家庭，了解他们

图3-2　先锋营社区居民自组巡查队

的出行需求，并根据建议在改造中增设楼梯扶手，方便残障人士和高龄长者的出行。先锋营社区的改造项目立项实现了"社区怎么改，居民说了算"。

多主体共助筹资建设

先锋营社区的项目筹资和建设不同于政府大包大揽，而是充分调动了多元化筹资和居民参与共建的积极性。整个改造过程总投入约610万元，通过"业主出一点、社区店面出一点、百姓自筹一点和街道补贴一点"的"四个一点"原则，共筹集改造资金185.5万元。相比过去社区改造"居民站着看"的现象，先锋营社区改造获得了居民的广泛支持和热情参与。社区居民主动拆除违建、参与粉刷阳台、开展清洁家园行动，累计投工投劳200余人次、1812工时，实现了"大家齐动手，社区变美丽"。

图3-3　先锋营社区党员座谈会

1.2　厦门市鹭江老剧场

公共空间是社区居民重要的活动场地，也是能够保留城市记忆和历史文脉的重要场所。鹭江剧场本是厦门市一处集演出、电影放映、舞厅、乒乓球室、老人活动室为一体的综合性剧院，曾是厦门老城区文化生活的重要场所。随着剧院的逐渐没落，年久失修的鹭江剧场难以维持经营，于2013年被拆除。

经过群众意见征集和设计团队精心打造，拆除后的空地建起了一个崭新的公园，最大限度地将空地还给周边的居民，并将老剧场的元素完美保留再现。老剧场旧址的改造，留住了居民活动的空间，留住了城市宝贵的回忆，也为打造有文脉、有温度的社区公共空间提供了宝贵的经验。

公共空间还之于民

老剧场拆除后的场地一度被用作停车场，卫生环境脏乱。政府在征求居民意见的基础上，遵循旧城拆迁腾出来的土地尽可能还给百姓的原则，将原鹭江剧场地块无偿交由思明区建设老年人活动中心。随后，鹭江街道充分征集了群众意见，积极推进方案设计，将旧址改造成为具有文化特色的社区公园。为了最大限度地把广场空间留给周边居民进行活动，方案在公园内不设任何建筑物，在绿藤树下仿制若干老电影院式的休闲座椅，将花坛边缘设计成可看可坐的石台。在这里，人们可以围坐一起，泡闽南功夫茶，天南海北聊天，孩子们在边上可尽情玩耍。老城区里浓浓的人情味又重新回到了社区公园。

历史要素传承彰显

    公园的设计再现了老剧场的文化元素。新公园整体结构模拟原鹭江剧场的入口大厅、观众席、舞台等布局关系，分为入口区、公园开放区和主景区。新设置的文化展示墙如同一卷展开的电影胶片，通过橱窗展示电影院的海报、电影票等旧物，令居民在公园内感受到浓厚的文化气息。公园两侧收储的楼房被改造成老年人活动场所，吸引民间老艺人和文创青年入驻开设工作室、茶馆、店铺，引入剪纸、捏泥人、糖画等闽南传统手工，营造了浓厚的"怀旧"氛围，让市民能够探寻老城的记忆。

图3-4　改造后的鹭江剧场文化公园

后期开展宣传活动

　　社区组织牵头、政府部门积极宣传，公园定期开展丰富多彩的市民活动，吸引了周边居民、商家和越来越多市民的广泛参与。公园外墙上悬挂屏幕，每周三和周五晚上定期播放两场露天电影。公园的小型舞台每个月安排了木偶戏、南音等具有闽南特色的表演。公园中部建设了一个相对开敞的小广场，居民可以在小广场上跳广场舞、举办文艺活动。公园还定期开展"老剧场旧物早市"，既贴近生活又别具厦门本土风情，让昔日破败的剧场旧址恢复了往日的热闹景象。

1.3 广州市旧南海县社区

旧南海县社区位于广东省广州市的惠吉西和惠吉东一带。20世纪20～30年代，归国华侨在这一带置业，修建了中西合璧的建筑群，成为广州近代集合住宅的典型代表。旧南海县社区面临老旧小区共有的问题：建筑年久失修、环境脏乱、管道老化、公共空间单一、缺乏活动设施，曾经独具特色的建筑风貌湮没于杂乱的街区环境中。

2017年，旧南海县社区成为住房和城乡建设部老旧小区微改造试点。改造于2018年6月启动，2019年8月完成，着重保留并彰显了社区深厚的文化底蕴，留住了广州的特色乡愁；同时增补了社区服务设施，构建了完善的15分钟生活圈，成为历史社区微改造的

图3-5 旧南海县主街

典型案例。旧南海县社区的改造提升兼具了老旧小区综合整治和历史文化街区保护的双重挑战。在满足居民生活服务需求的基础上，旧南海县社区完成了社区服务设施增补，修旧如旧、建新如故，留住了广州的特色与乡愁。

凸显特色　传承历史风貌

悠久的历史和深厚的文化底蕴是旧南海县社区的突出特色，文化传承也成为旧南海县社区微改造的重点。在改造中，按照"修旧如旧、建新如故"的原则，对老旧居住建筑进行建筑立面装饰、楼梯间墙壁粉刷、管道维修更换、消防设备及楼栋门禁安装等方面的提升。项目突出"最广州"元素，按照"留住最广州的记忆

图3-6　六榕文化广场

和乡愁"要求，保存两街三坊的格局和文脉。公共空间的改造结合了历史文化特色，打造了六榕文化广场、大公报广场、"三家巷"故事浮雕墙等小景点，成为深受群众喜爱的社区文化活动阵地和休闲健身场所。

盘活空间　增补社区设施

旧南海县社区通过资源整合、集约建设等方式，增补了多项公共服务设施和便民商业设施：将居委会与党群服务站、警务室、青少年之家等设施相结合，提供一站式社区综合服务，服务高效、用地集约；社区增设了面积约70m²的长者饭堂，饭堂面积虽然不大，但可让老人们在家门口就能享用热腾腾的饭菜。疫情期间饭堂还为社区老年人送餐上门为居家的老人提供便利。社区步行范围内

图3-7　长者饭堂

有艺术商店、理发店、咖啡馆、精品店等许多店铺，在服务社区居民的同时也吸引了年轻人到访，令社区更具活力和生活气息。

联动师生　引导公众参与

在改造之初，旧南海县社区成立了"微改造建设委员会"。委员会成员通过张贴宣传资料、召开党员会议和群众座谈会、派发调查问卷等形式收集了500余条居民意见，并总结提炼为48条改造建议。设计师出方案，居民提建议，设计师再修改，几轮下来，微改造定制方案出炉。此外，旧南海县社区微改造也尝试将高校师生倡导的城市设计理念和时尚元素融进来，挖掘了历史文脉，激发了艺术活力。

1.4 广州市三眼井社区

三眼井社区位于广州市越秀区洪桥街道，占地面积9.08hm²，户籍居民3576户，常住人口9774人，其中60岁以上老人约占30%，是一个人口结构多元化的大型综合性开放社区和典型的老龄化社区。

近年来，社区党委按照省、市、区三年行动计划部署，在街党工委的领导下，秉承"汲泉惠民、同心共治"的理念，围绕"党建强、环境美、治理好、服务优"的目标，通过微改造改善提升社区环境，以此为契机统筹开展完整居住社区及绿色社区建设，走出了别具特色的老旧小区治理之路，使居民群众的获得感、幸福感、安全感得到显著提升。

增强惠民服务，打造智慧社区平台

三眼井社区的改造强调公共服务补短板，增补了一系列惠民、便民设施。如完善无障碍设施，包括移坡道、加扶手、减少台阶和高差等，满足社区不同年龄层次居民的日常生活需求；增强公共文化体育休闲供给能力，完善社区公共配套；通过打造电信5G智慧社区平台，积极引入智慧管理元素，设置社区便民服务一体机终端，为居民提供税务、民政相关便民服务，形成"随时、随地、随心办"的社区服务网络；发挥全国科普示范社区优势，引入视频监控、智慧烟感等新技术设备，实现了社区的智能化便捷管理。

图3-8　社区活动场地

图3-9　少儿图书角

坚持文化传承，唤醒社区文化活力

除了改善居住环境，三眼井社区还十分注重挖掘地方历史文化，通过策划特色文化路径、串联沿线节点景观，彰显社区历史文化。例如，社区通过打造浮雕墙、主题公园等多种方式讲述本地历史典故、街名巷名的来历，让更多居民了解洪桥街道的"贡院文化"和"客家文化"，以提升社区居民的归属感和认同感。

三眼井社区把党建引领"共建共治共享"的理念贯穿到社区治理的方方面面。此外，社区还与广州市美术学院共同策划成立了"寻坊黉桥——洪桥街艺术介入微改造工作坊"，以艺术、设计、美育作为社区文化发展创新的起点，通过多样化、多载体的设计活动，推动居民参与到社区环境美化和社区治理中来。

图3-10 "寻坊黉桥"社区微改造工作坊

图3-11　浮雕墙

1.5 北京市劲松北社区

劲松北社区位于北京市东三环劲松桥西侧，是改革开放后第一批成建制住宅区，楼龄超过40年。社区共有居民3605户，40%以上是60岁以上的老人，其中独居老人占比超过半数，社区的改造提升面临着老旧小区整治和适老化环境提升的双重挑战。

劲松北社区通过街道、责任规划师、物业公司、社区、运营企业等多方共同协作形成"五方联动"创新工作平台，采用统筹建设、共同出资的方式进行配建，为社区更新机制、资金筹措和适老化改造提供了宝贵的经验。

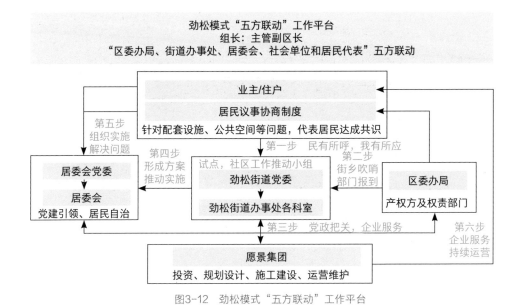

图3-12 劲松模式"五方联动"工作平台

盘活社区闲置空间

早在劲松北社区改造之初，朝阳区房屋管理局和劲松街道就对配套用房、人防工程等闲置空间进行了盘点，并把其中1600m² 的运营权交给社区运营企业，用于建设公益类服务设施和便民商业设施，方便企业逐步收回改造成本。以209号楼的车棚为例，车棚面积约200m²，大部分空间常年处于闲置状态。车棚改造后出租给"匠心工坊"便民商店，提供家政服务、家电清洗、配钥匙、换电池等服务。旁边的配套用房也打造成统一风格，引入几家老字号和连锁食品企业入驻。盘活社区闲置空间在为居民带来生活便利的同时，也为企业开拓了盈利空间。

图3-13 盘活后的车棚

沉浸式设计适老化社区

打造适老化社区的前提是充分了解老年居民的行为习惯与生活需求。为了做到这一点，社区运营企业的设计师团队在社区调研了一个月，观察老年居民的行动特点、公共设施的使用特点、人群的分布特点后，做出了体贴的设计：人行道和门口台阶都设置了无障碍坡道；室外座椅旁边加设起身扶手；椅面材质选择冬暖夏凉的防腐木；设置晾衣杆满足老年人室外晾晒被子的需求；在社区公园树杈上挂链条和钩子，方便就近挂衣物；为乒乓球亭加设拦网，缩短捡球距离等。此外，设计师开展议事会与居民共同商讨，按需下单，选择大家喜欢的设施颜色与款式。

"物业 + 养老"新模式

物业公司常驻社区，距离近、人员亲、硬件足，将物业与养老融合发展，有机会为老人们提供更便捷、优惠的服务。劲松北社

图3-14　公园坐垫和扶手改造

区试点"物业+养老"的新模式，物业员工兼职"养老领事"，每位领事包楼包片，对接近200户老人家庭。"养老领事"的任务首先是地毯式地走访，每周展开至少一次入户巡视或电话联系，对独居、高龄老人增加巡视频次。"养老领事"入户后，梳理出老人需要的服务清单，与第三方机构对接，提供上门服务。此外，社区还举办了老年手机教学班、健康讲座、电影放映等活动，丰富老年居民的生活，增强老年居民的幸福感。

"各出一点"资金筹措机制

单靠政府补贴往往无法完成量大面广的老旧小区改造工程。北京劲松老旧小区改造推进了"政府出一点，居民出一点，产权单位出一点，社会资本引进一点"的实践探索。社区运营企业与劲松街道签订协议，并与专业的责任规划师、设计师、管理团队多方协同作业，对劲松北社区的公共空间、服务业态、社区文化3大类52项任务清单实施改造提升。

图3-15　劲松资金筹措机制

1.6 北京市水碓子西里社区

北京市朝阳区水碓子西里社区建成于1980年。建筑外立面老旧残破，建筑内公共区域脏乱，且建筑无电梯，改造过程中居民外迁难度大。场地现状环境一般，缺少停车位，绿化植被不丰富，缺乏公共活动区域。

水碓子西里社区更新改造以"低影响，高性能，低成本，高品质"为主旨，进行十大项改造，包括独创抗震外套筒、楼栋共享客厅、公共走道、户内试点、加装适老电梯、健康便民系统、街坊口袋花园、社区活力主街、社区出入口、围墙折廊，配以12项技术、32项措施、107个配套要素，构成水碓子西里社区更新技术路线。

图3-16 水碓子西里社区更新技术路线

楼体改造无需外迁

水碓子西里楼本体采用一体化抗震外套筒加固的创新结构形式，既保证了改造后的建筑强度、保温隔热防水性能，又保护居民不必外迁，在整个改造过程中受到尽量小的影响。依据《建筑碳排放计算标准》GB/T 51366—2019中的相关规定，抗震外套筒加固方式比传统拆除新建的方式节碳约7088t。

社区文化IP营造

社区改造时提出"社区文化IP"的概念，以社区的历史沿革、文化脉络、居民记忆及人口结构等为基础，进行了适老色彩研究并形成社区适老色谱，辅以文化关键字拓扑变形、楼栋归属性色彩设计、标识导示系统设计等，共同形成水碓子西里社区文化IP，并体

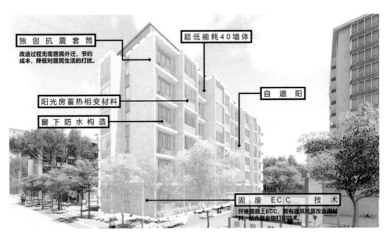

图3-17 一体化抗震外套筒结构

现于社区的标识牌、景观灯具、设施小品等方方面面，打造居民及参观者的打卡点。

原拆原建固废利用

社区改造采取固废建材原拆原建、原地利用的方式，将现场拆除的建材进行统一资源化利用处理，应用于场地路面的混凝土铺装，并将老旧楼栋改造过程中拆除出的大量铁丝网等应用于景观石笼座椅。

居民共创低碳生活

水碓子西里社区更新改造后鼓励居民参与、居民共建，楼栋立体绿化由居民共同维护，场地太阳能利用设施为居民活动提供夜间照明，同时设置二手交换居民集市、生物垃圾处理设施并配置科普讲解等为垃圾减量做贡献，鼓励居民低碳生活；设置串联楼栋入口及所有活动场地的健康步道，鼓励步行优先，设置电动车充电停车位，倡导居民健康出行。

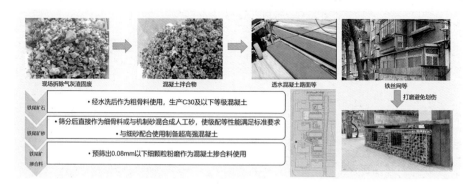

图3-18　场地固废资源化利用流程示意

图3-19 社区文化IP衍生打卡墙

图3-20 太阳能照明居民集市

1.7 宁波市和丰社区

和丰社区位于宁波市鄞州区明楼街道，地处甬江时尚东外滩风貌示范带，是最能代表宁波城市风貌特色的核心区域，也是宁波市首个"三化九场景"展示落地的未来社区。和丰社区是宁波近代工业的起源地，诞生了宁波城区第一个工厂党支部，被誉为中国创意产业界的"硅谷"。

2021年，和丰社区抓住"全市整合提升类未来社区"试点机遇，把未来社区作为实现共同富裕的有效载体。和丰社区积极探索数字赋能社区服务，助力实现智慧化社区治理，激发居民共同缔造美好社区。同时借鉴新加坡经验，打造复合式邻里中心，通过资金众筹引导企业参与未来社区营造，为社区运营提供新经验。和丰社区始终坚持城市更新与和丰文化有机结合，探索一条"人产城文景"深度融合的新路，力争打造未来社区样板。

赓续文化基因，优化城市更新的特色方案

在未来社区建设中，和丰社区将城市更新与和丰文化相结合，对未来社区实施单元和城市有机更新同步论证、同步优化、同步推进。社区坚持"插花式"改建，修缮了宁波城区第一党支部旧址，新建了"海悦心"区域性居家养老服务中心、夜光跑道等配套设施，扩增了8000m²公共服务空间。2021年6月，按照未来社区的理念来规划设计、建设运营的"海丝之源，十里江丰"特色街区，挖掘和丰历史底蕴，融入和丰文化基因，盘活和丰纱厂等工业遗址资源，以艺术化的方式"以旧修旧、因商造景"，尽量保留原汁原味的和丰生活氛围，留住百年工业遗存的独特历史记忆，形成人情味、地方性的建筑特征，打造市井味、烟火味的邻里生活场景。街区汇聚文化、休闲、商业、教育、科普、爱心、新乡愁等元素，目前累计引入350余家商铺，吸引超百万市民游览,全面展现未来生活创业场景。

专注社交空间重构，创新社区运营模式

　　和丰社区借鉴新加坡"构建以社区居民日常生活为中心的邻里中心模式"理念，按照"美美与共、始于颜值"要求，重点在和丰邻里中心打造"参与式未来馆"，目前已吸纳诺邸书展、盒马鲜生等42家企业成立"1+N复合场景联合体"，让邻里中心成为未来社区各场景"体验、展示、交流、实践"中心和"未来生活实验室"，满足人们在住所附近寻求生活、文化交流的需要，构成了一套强大的家庭住宅延伸体系。同时，社区向22家两新企业众筹50余万元"未来社区基金"，引导推动更多的企业端、商户端、居民端一起参与到未来社区打造中，通过资源互换和技能分享，降低

图3-21　社区邻里服务中心

纯投入的运营模式比例。例如，真美丽书咖吧重新招募悦茗阁读书会、超级演说家等5家社会组织共同参与运营，让空间不再局限于某一特定的场景使用，大大提升空间使用率。

创新数字智慧平台，助力社区服务治理

和丰社区与辖区企业华聪股份"结对"探索基于CIM（城市信息模型）平台搭建社区智慧平台，助推社区服务便民化、社区治理精细化。平台充分考虑到居民服务需求和社区治理痛点，结合前期问卷调研反馈，针对不同服务群体，设置了"和丰小助手""社区服务""综合治理"和"5min生活圈"4个子模块，提供如活动预约、公益捐赠等智慧化服务。社区同时建设了"未来社区24h低碳智汇芯"，提供"自主微诊室+云药房"、数字驾驶舱、政务智

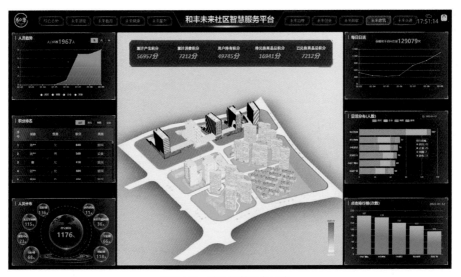

图3-22 社区智慧服务平台

能自助终端机、体脂称、"双碳"科普等服务，通过沉浸式体验教学，增强群众满足感和获得感。"综合治理"模块作为未来社区可视化的管理平台，采用"360全景""BIM轻量化"技术，实现CIM平台和智慧服务平台有机融合和物联数据的互通，并基于"一户一档、数模分离"原则，以"户"为单位，与不同模块的底层数据打通，为社区治理和精细服务化打下了坚实的数字基底。现阶段社区智慧平台已集成百余套物联设备、十多类场景数据，推行数据一网联通，实现服务一键智达和治理一屏掌控。

1.8 沈阳市牡丹社区

牡丹社区地处沈阳市皇姑区北部，是典型的单位制老旧社区。居民有接近80%为沈阳飞机工业有限公司职工及其家属，单位职工是其身份认同的重要因素。牡丹社区面临的问题包括老龄化严重、楼宇老化严重、沈飞文化缺乏传承。

在单位逐渐退出社区治理的大背景下，牡丹社区不仅提升了物质空间环境，还通过党建凝聚自治力量、决策共谋形成发展共识、文化活动培育社区精神等方式，培育复兴了社区文化精神，为单位制社区治理转型探索出了新的思路。

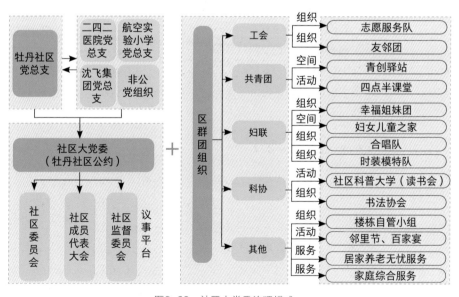

图3-23　社区大党委治理模式

党建引领社区自治创新

牡丹社区成立了区委缔造办公室，将区委组织部和街道党工委全面下沉到社区，采用"专职委员+兼职委员"的模式，推选社区书记为构建区域化党建工作第一责任人，并凝聚起9个驻街企业、党政机关的组织力量。同时，牡丹社区积极探索网格自治新模式，建立了包括"总网格长—拨片网格长—网格管理员—网格协力团"的四级网格体系。明确各级网格的职责，居民遇事直接找对应的网格员，强化"一对一"社区服务模式，提高服务效率。

决策共谋形成发展共识

在决策"改哪里、怎么改"的过程中，规划师通过问卷调查、走访座谈、入户调研等多种方式，与居民、政府共寻社区改造的痛点、难点，以问题为导向共谋合力。规划师组织开展了多样的讨论会、咨询会议，用通俗易懂、生动活泼的互动方式，发动群众参与，切实了解居民需求与意见，发动居民关注社区事务，疏通居民意见表达的渠道。为了进一步提高群众参与的可持续性，规划师还组织了共同缔造工作坊，为热心社区事务的居民提供课程培训和项目指导。

文化活动培育社区精神

牡丹社区接近80%的居民为沈阳飞机工业有限公司职工及家属，共同的工作单位是社区民众身份认同的重要因素。牡丹社区改造以沈飞文化为载体，发动群众深挖沈飞航空报国精神，以共同记忆唤醒共同意识，增强居民的凝聚力。通过征集老照片等素材，打造文化浮雕墙，展示沈飞的辉煌文化和航空人风采，以物质空间载体复兴社区文化。社区组织了一系列的文化活动，如谱写"牡丹之歌", 拍摄牡丹共同缔造微电影, 组织代际文化交流, 强化了居民的社区认同, 以文化活动载体培育社区精神, 为社区文化培育注入了源源不断的动力。

图3-24 改造后的社区立面

1.9　郑州市代书胡同片区

代书胡同片区位于河南省郑州市老城的管城回族区北下街街道，建于20世纪60～90年代，是郑州城内著名的牛羊肉交易市场和民族特色小吃街所在地，保留着老郑州的记忆。该片区总建筑面积25万m²，横跨3个社区，涵盖56个楼院、78栋居民楼、7条道路。由于建成年代早，同时辖区内部外来务工人员较多、人口密度大，该片区内存在严重圈占绿地、污水混流、飞线充电、居民楼院住改商现象等难点问题，历史风貌无处可寻。

代书胡同片区的改造充分挖掘文化资源，融入连片改造理念，统筹规划空间资源，按照"一院一策、路院共治"实施方案，完善配套设施、增补公园绿地、统一建筑风貌、串联文化节点。同时听取居民意愿，合并散居楼院，统一引进物业，探索长效管理机制。代书胡同片区目标建设成为文化凸显、街面整洁、地下畅通、功能完善，集"烟火味、人情味、市井味"三味一体的特色街区。

多元主体参与，打造网红美食街区

在设计方案过程中，街道团队精雕细琢、反复完善，不仅成立临时党支部，还建立了由街道社区、施工单位、沿街商户、区城管局等多方参与的日联席会议制度，围绕商户自治协会推选、特色店面设计等事项全方位征求商户意见，并发动60余家商户成立商会，构建起商户自我管理和政府服务相结合的长效管理模式，优化顺城街的业态环境。通过多元主体参与的会议商讨，街道基层党员干部的责任担当更强了，群众商户的积极性更足了，辖区群众热情参与、同心共建，党员先锋队、群众自治队、商户志愿者、安全监督员的队伍越来越壮大。

2021年1月，顺城街作为郑州城内著名的牛羊肉交易市场和民族特色小吃所址，在改造完成后首次开门待客，成为春节、元宵节期间的网红打卡地，市民争相前来，纷纷到片区内、街区里寻找老郑州的记忆。

增补绿化设施，提升社区便民服务

为改善片区内长期存在的圈占绿地现象，满足居民对公共休闲游园的需求，街道对建筑立面进行节能化改造，打开楼院围墙，在代书胡同、裴昌庙街等处挤出800余平方米的面积，建设游园1个，同时对有限空间进行精细化利用，打造街角小品、口袋公园12处。针对片区配套服务设施不健全的问题，街道腾活1000m²用房，以

图3-25　街区休闲广场

"服务外包"的方式，整合社区党建、群团和社团活动，在片区打造综合性便民服务中心，提供日间托老、医疗服务、文化活动等服务。同时，街道对社区业态积极引导，最大力度在片区内保留药店、生蔬店、五金店、副食品店等商铺，解决群众日常生活所需。此外，以胡同街巷为主要载体，片区在成片改造中串联管城驿站、仁者代书、代书印记、胡同轶事等文化节点，打造"一院一景"特色院区，优化片区周边环境，为居民营造一个宜业、宜居、宜乐、宜游的良好风貌街区。

图3-26　绿化游园设施

合并散居楼院，统一引进物业管理

代书胡同片区多以散居楼院为主，单一楼院规模无法支撑起物业运营。为了整合居民楼，形成规模效应吸引物业入驻，街道认真听取居民建议，将56个楼院以路为界，以北顺城、代书胡同2个完整社区为主体，划分成4个大型闭合式居住社区，整合社区内公益用房等公共资源，为物业进驻提供门卫室，并向产权单位申请配套用房作为办公室、群众活动室等。同时，楼院引进红色物业公司开展物业管理、养老助残、志愿者队伍招募、文体队伍培育、仲景医疗、老年大学、健康管理等点对点服务，特别是主动协助不会使用智能手机的老年群体缴纳水电气等各项费用，有效促进物业费收缴，赢得了居民的普遍认可。

图3-27　管城记忆文化导览

1.10 盐城市万户新村社区

万户新村社区位于江苏省盐城市亭湖区，由两个社区合并而成，是盐城建成最早、规模最大的开放式商品房住宅社区。万户新村社区始建于1983年，占地约27.33hm^2，共有127幢住宅楼，居民4030户。由于建设年代久，社区存在配套设施落后、违章建筑较多、公共空间不足、内部通行不畅、停车困难等问题。

2020年，盐城市将万户新村纳入旧城改造范围，制定三年改造提升计划，力求彻底改善社区环境。在改造中，社区打破思维局限，将征收与旧改结合起来，将回收闲置住宅与门市房改造为社区公共服务空间，焕发空间活力，完善社区功能，方便、丰富了居民的日常生活。同时，社区积极解决居民集中反映的问题，对垃圾处理站采用新技术和新材料进行改造，做到美观环保。万户新村项目被评为2020年度省级宜居示范居住区，并作为江苏省美丽宜居城市建设试点项目进行推广。

盘活资源置换功能，实现设施补足

万户新村社区合理推进相关房屋征收与功能置换，健全了社区功能，也提升了社区的居住品质。针对社区内机动停车位一位难求的状况，社区征收搬迁了北侧4幢二层住宅，利用腾出空间建设停车场，有效缓解了停车难题。同时，为解决放学儿童接送空间不足问题，社区对南苑小学东侧的8间门市房进行了征收拆除，新建300m^{2}的家长接送驿站，体现出满满的人性关怀。通过收回原出租门市房，社区还重新装修建成了400m^{2}的社区党群服务中心，涵盖了便民大厅、警务室、党建引领、志愿服务等各项设施与服务，使得居民议事、办事更加方便。

图3-28 整治后的社区街巷

在征改过程中，征收工作组的同志包保到户，耐心细致宣讲征收政策，动员被征收户舍小家、顾大家，积极搬迁，有力保证了改造计划的落实落地。

利用高新科技，解决扰民难题

万户新村社区内有一处日转运生活垃圾50t的敞开式垃圾中转站，其散发的难闻气味对居民生活造成很大干扰，周边居民对此多次反映不满。但由于客观的使用需求，垃圾中转站暂时没有拆除可能。为解决此问题，社区在改造中创新性使用了新型膜材料，封闭了垃圾中转站的室外部分，并利用智能负压净化控制技术，实施除臭化处理。改造后的垃圾中转站不仅拥有了独特美观的造型，而且在生态上做到了绿色环保，切实满足了居民的诉求。

多方筹措资金，共商共建共享

社区建设不是一家独唱，而是众人拾柴火焰高。万户新村社区的改造费用，除了来自中央、省、市补助资金与亭湖区财政保障以外，社区还通过项目指挥部，广泛动员相关单位、业主，共同出资出力，例如：市自来水公司承担了自来水管网更新50%的费用；社区菜场的业主通过自筹资金的方式，同步对菜场外立面、内部实施等进行更新改造；志愿服务者义务参与环境秩序整治、交通导行和停车管理等。正是因为有了政府部门及各界人士的关心与支持，万户新村才有了脱胎换骨的今天。

图3-29 社区党群服务中心

1.11　重庆市和睦路社区

　　和睦路社区位于重庆市两江新区人和街道，紧邻重庆市内环快速路和区域性交通干道金开大道，是典型山地社区，也是农转非安置社区与高端楼盘相结合的成熟居住社区。和睦路社区占地约2km²，常住人口5641户，14202人。辖区配置人和街道办事处、人和派出所、重庆消防救援总队两江新区支队鸳鸯中队、人和实验学校、人和实验学校幼儿园等设施。社区生活氛围浓郁，但仍有部分问题亟待解决，如因平面空间不足导致的社区公共服务不完善和山地环境管理问题。

　　和睦路社区在建设中紧扣山地社区特色，分层次利用有限空间，将山坡荒地建设成上、中、下三层的综合服务中心，满足居民休闲、养老等生活服务需求。同时，社区主动将社区管理与城市山地环境管理相联系，承担起维护山地环境的责任，组建了常态化巡查的志愿者队伍，加大绿色宣传力度，力求使绿色社区与环保理念深入人心。

多层空间利用，凸显山地社区特色

　　社区在用地相对紧张的情况下，社区党委、居委会充分征求居民意见，群策群力，借助上级部门相关资金和社区内能人资源，结合山地地形地貌，在社区内部荒地上分三个层次建设社区服务体系，上层为公共活动空间、中层为社区养老服务站等设施、下层为社区停车场，形成了复合型社区服务中心，在600m²的空间上有效解决了停车困难、公共服务不完善、活动场地匮乏等多项社区紧迫需要解决的问题，社区居民生活服务水平得到提升。

图3-30 社区养老服务站

图3-31 社区公共活动空间

结合城市管理，维护山地社区环境

社区组建了一支由日常巡护员、网格员等人员组成的志愿者队伍，常态化开展每日城市管理巡查，解决车辆乱停放、废旧家具乱堆放等问题，提高生命通道的安全性和社区慢行系统的通达性。同时，社区注重对湖泊、景观水池和排水通道保持日常监督与维护，同步推进社区内山地海绵设施改造建设，保证社区高质量水环境。

多元群体参与，丰富志愿服务队伍

和睦路社区目前老年人口占比约11%，儿童占比约7%，外籍居民约6%。结合其人群类别的特殊性，社区开创性地开展社区志愿者队伍，分别成立了居民代表志愿者队伍、青年志愿者队伍、儿童志愿者队伍、外籍志愿者队伍、辖区单位志愿者队伍，针对目标人群的不同需求提供更精细、更亲切的服务。通过"一带一家""一带一群"的带动作用，全面引导社区居民参与绿色社区创建工作和社区文化活动。同时介绍"雾都之光"社工组织进入社区，每月轮流开设绿色工艺、科普课堂和网络课堂等，发挥专业特长，在寓教于乐中传播节约理念、强化环保意识，提高了社区文化活动的丰富性。为方便外籍人士阅读了解、参与活动，和睦路社区在展板和宣传手册上使用了"中、英、韩、日"四国语言，着力将绿色社区宣传到每一位居民群众身边。

图3-32　专业社工团队在社区开展活动

图3-33　社区文化浮雕墙

1.12 重庆市凤天路社区

重庆市沙坪坝区覃家岗街道凤天路社区占地面积约$0.9km^2$，覆盖11个小区，常住人口7526户，共22687人。其中，儿童占比10.8%，老年人口占比11.3%。

2021年，凤天路社区在"党建引领、住房城乡建设委牵头、多部门协同、街道社区专项推进"的工作机制下，践行绿色发展、因地制宜、智慧赋能的改造理念，加大软、硬件建设力度，打造完整居住社区，探索既有居住社区改造更新的可行路径。

因地制宜，践行绿色、全龄友好等先进理念

为有效解决暴雨造成的社区内涝积水问题，社区结合凤鸣山公园环境品质提升工作，因地制宜修筑阻水排水管网，对平台广场及周边支路进行透水砖敷设，并安装LED节能路灯和太阳能路灯，既保障了社区居民生活环境的安全，又贯彻了绿色环保的可持续发展理念。

为满足"一老一小"的相关需求，社区争取多方资金支持，建设了社区养老服务中心和儿童之家，为老人和儿童提供各类活动空间。社区养老中心内设有休闲活动室、理疗室、健康指导室、老年大学、培训中心、阅览室等功能区；儿童之家配备儿童图书室及儿童游乐设施。此外，社区还开展了葫芦丝、围棋、陶艺等特色培训项目，丰富了老人和儿童的生活。

线上线下融合，精细化的社区智慧服务

　　针对辖区人多面广的基本情况，在市级部门和街道的支持下，社区开发了"云上凤天路"智慧信息系统。"云上凤天路"系统包含"网格在线""生活服务""阳光社区"三个板块，可为居民提供搬家、开锁、维修、保洁、快递等预约服务，并设置有向社区网格员反馈意见的平台。为方便老年居民反馈意见，社区工作人员在楼栋出入口设置信箱，由专人定时收取并录入系统，通过"线上线下"相结合的方式，有效打通了居民监督与意见建议渠道。

图3-34　社区便民服务中心

图3-35　社区警务室

党建引领，校企军地联合，以多样化志愿活动团结凝聚社区

充分利用周边大学、企业、军队集聚的优势，以党建引领为抓手，构建形成"校地、企地、军地"三地志愿者联盟体系，组建党员志愿服务队、绿色环保志愿服务队、文体志愿服务队、巾帼志愿服务队、退役军人服务队等11支共3200余人的志愿者队伍，定期开展绿色环保宣传、文艺送演等各项志愿活动，推动社区特色文化的形成。

图3-36 社区活动场地

图3-37 军民共建志愿活动

2 建设实践经验

各省市在住房和城乡建设部等部门的指导下，统筹部署工作，在城市居住社区补短板行动中取得一定的成效，形成了一批完整居住社区建设典型案例，相关实践经验具有一定推广意义。

2.1 通过创新模式引领实施行动

多个省市结合自身实际探索形成了多种完整居住社区建设模式，实施行动"量身定制"，才能使社区改造真正行之有效。浙江、重庆、云南等地开展了居住社区摸底调查工作、建立项目清单。如重庆市采用"菜单式"调查、一对一入户、院坝会等形式，摸清楚群众改造意愿，发动群众参与，推动社区治理共建共治共享，在老旧小区改造中注重打造完整社区，明确"综合改造39项+社区服务提升25项"内容清单，着力补齐基础设施、公共服务配套、管理服务等短板。这种"量身定制"模式的实施方式具有可借鉴的意义，每个城市、每个街道、每个社区都有各自的特点，在建设中避免一刀切地套用标准，因地制宜地灵活运用，最终形成让居民满意、生活服务都得到实现的居住之地，这才是完整居住社区建设的意义所在。

2.2 可持续的社区建设运营机制

北京、江苏、浙江等地在补短板实施行动中探索社会资本引入的社区建设运营机制。例如，北京市构建了专业化物业服务和"改造+运营+物业"的两种物业模式，后者不仅在社区运营阶段纳入资本运营，在社区建设阶段就引导社会资本参与其中，通过后期运营收入反哺建设投资，实现既有社区提升改造的可持续发展。江苏省就老旧小区加装电梯工作，总结推广南京市"业主主导、政府搭台、专业辅导、市场运作"工作模式，探索引入社会资本参与加装电梯，截至2021年11月底，全省累计加装电梯4897部，解决了单靠政府难以推动的难题。浙江省针对目前普遍存在旧改类项目依赖政府投资建设、数字化平台建设投资较大、缺乏可持续运营模式等问题，提出"模式库、案例库、企业库"的"三库"建设，发挥典型示范效应，如何改、如何管都可以通过搜索库内经验做法获得具体参考。

图3-38 社区建设运营机制示意

2.3 可复制的社区服务管理机制

在社区服务管理机制的建设实践中，各地很好地发挥了创新能力，在党建领导、部门协调的工作框架下，逐步建立起两种管理机制。

强调党建引领的社区管理机制

北京、安徽、湖南、江苏、云南等省市自治区将党建与社区物业管理充分结合，推动各地物业行业党委在属地组织部门领导下，加快推进物业管理服务行业党组织组建，建立完善相关制度，推动党的组织和工作全覆盖。例如，安徽省坚持和加强党对物业管理工作的领导，构建街道、社区党组织领导下的社区居民委员会、业主委员会、物业服务企业"联动协作、共商事物""四位一体"物业管理协调运行机制，打造"红色物业"，以党建引领提升物业管理水平；此外，还大力推进将物业管理纳入社区治理体系，指导各城市以健全完善物业管理"四位一体"机制为重点，通过引导物

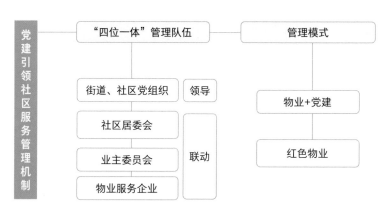

图3-39　党建引领社区服务管理机制示意

业服务企业积极招聘党员员工、选派党建指导员等方式，指导帮助物业服务企业、社区物业服务项目建立党组织，探索"物业+党建"的治理新模式，提高物业管理水平。湖南省坚持"三分建七分管"原则，湘潭市积极推动"党建+物业""支部+小区"及"党小组+楼栋"落地生根的方式进行社区的后续治理，先后有18个美好社区、48个改造后的老旧小区引进了物业服务企业实施专业化、规范化管理，成立了121个小区党支部、61个业主委员会，组建了98支志愿者队伍，为建立长效管理机制打下了坚实基础。

强调统筹协调的社区管理机制

多省市充分发挥社区党组织的领导作用，统筹协调社区居民委员会、业主委员会、产权单位、物业服务人员等，搭建街道办事处（镇人民政府）、社区居民委员会沟通议事平台，细化协商议事流程，引导各利益相关方理性表达意见和诉求。例如，四川省成都市建立全国首个市级公共服务设施建设协调议事机构，专项开展中心城区基本公共服务设施"三年攻坚"行动，出台1个《关于

图3-40 统筹协调社区服务管理机制示意

加强居住区公共配套设施建设管理的意见》（成办函〔2016〕117号），编制1个《成都市"15分钟基本公共服务圈"规划》，创新"1+8+2，即1个市级部门（市公建办）+8个行业主管部门（教育、文化、体育、医疗、民政、商务、城管、公安）+2个责任主体（属地政府和建设业主）"联席会商协调机制，推动功能复合、集约高效的"基本公共服务+其他生活服务"为一体的业态服务体系建设，单个社区综合体面向全龄家庭成员，提供近54项基本公共服务和15项特色多元其他生活服务，并增加应急防疫空间指引，满足治疗、隔离收容等应急要求，实现15分钟步行范围可达。

2.4　可推广的社区治理机制

除了社区的建设运营机制、社区管理机制之外，社区的治理机制也是完整居住社区建设重要的方面，各地在实践中也做出了许多创新探索。北京、黑龙江、上海、湖南等7个省市自治区采取多种社区组织形式贯彻落实建设共建共治共享机制要求，实现决策共谋、发展共建、建设共管、效果共评、成果共享。例如，浙江省宁波市在老旧小区改造中重视"共建、共创"，力求让群众"融得进"未来生活。其中，和丰未来社区的做法具有代表意义，社区遴选20名社区意见代表和社区达人加入"和丰未来社区共创委员会"，搭建"创意公民共创工作坊"，成立未来社区创意活动基金池，支持激发居民共建共创意识，吸引创意公民加入未来社区共建中。此外，和丰未来社区还通过"请你来协商——和丰未来社区研讨会"、社区"码上说"智慧客厅、"红管家"小区共治委员会等新形式，集结各界力量，重点围绕各民生议题开展讨论，贡献"金点子"，解决大桥隔声屏障安装、道路违规停车等社区历史遗留难题。通过公众参与的力量，实现社区的长效治理。

图3-41　社区治理机制示意

第四章

专家观点

1　补齐居住社区建设短板　培育发展内生动力　王凯

2　以完整居住社区建设驱动社区治理　李郇

3　关注精细度和持续活力　统筹推进居住社区补短板　薛峰

4　居住社区建设要格外重视养老设施补短板　刘燕辉

5　关注公共设施聚焦一老一小　推动居住社区建设补短板　于一凡

6　指引新时期居住社区建设　营造共建共治共享的幸福家园
　　——《完整居住社区建设指南》解读　编制组

2020年8月18日，住房和城乡建设部等13部门印发《关于开展城市居住社区建设补短板行动的意见》（建科规〔2020〕7号）。根据《意见》，为贯彻落实习近平总书记关于更好为社区居民提供精准化、精细化服务的重要指示精神，建设让人民群众满意的完整居住社区，开展了居住社区建设补短板行动。随后，《中国建设报》联合中国城市规划设计研究院邀请业内专家对《意见》进行了深入解读。

1 补齐居住社区建设短板 培育发展内生动力

王凯 中国城市规划设计研究院院长
全国工程勘察设计大师

习近平总书记指出，"社区是基层基础，只有基础坚固，国家大厦才能稳固"。居住社区是城市居民生活和城市治理的基本单元，是党和政府联系、服务人民群众的"最后一公里"。开展城市居住社区建设补短板行动，贯彻落实习近平总书记关于更好为社区居民提供精准化、精细化服务的重要指示精神，要坚持新发展理念，不断提升居住社区建设质量、服务水平和管理能力，增强人民群众获得感、幸福感、安全感。

任务迫切，城市治理的关键在居住社区

党的十九大以来，我国统筹推进新时代"五位一体"总体布局。随着人民群众的美好生活需求日益增长，居住社区建设和管理越来越受关注，并从认识向实践转化。

新时期城市发展的重点是提质与治理。2019年，我国城镇化率已经达到60.6%，进入城镇化发展的中后期，城市建设已从大规模、高速度的粗放型发展阶段进入关注城市人居环境品质、补齐居住社区建设短板、建立健全治理机制的精细化发展阶段，城市开发建设方式也由增量建设转向提质更新和结构优化并重。

新时期城市治理的关键在居住社区。城市是一个有机生命体，居住社区是城市空间结构的基本单元。开展居住社区建设补短板行动，提升服务能力，可以更好地为群众提供精准化、精细化服务。

构建"纵向到底、横向到边、共建共治共享"的居住社区管理体系，是打通城市建设和管理"最后一公里"的重要核心。

以居住社区为核心推动城市基本生活单元的更新改造是一项迫切的任务，应该在安全健康、设施完整和管理有序三方面精准发力。为此，《关于开展城市居住社区建设补短板行动的意见》（以下简称《意见》）明确提出，以建设安全健康、设施完善、管理有序的完整居住社区为目标，以完善居住社区配套设施为着力点，大力开展居住社区建设补短板行动，提升居住社区建设质量、服务水平和管理能力。

标准先行，提高居民生活质量和品质

完整居住社区是指在居民适宜步行范围内有完善的基本公共服务设施、健全的便民商业服务设施、完备的市政配套基础设施、充足的公共活动空间、全覆盖的物业服务和健全的社区管理机制，且居民归属感、认同感较强的居住社区。

2020年突如其来的新冠肺炎疫情，让我们对居住社区建设有了更深的体会。针对疫情期间城市生活单元如何满足需求，中国城市规划设计研究院在2020年3月做了一次网上调查，综合7500多份问卷来看，社区教育设施、便民商业设施和户外活动场地是社区居民认为最重要的3项基本生活服务设施。

其中，69.93%的受访居民认为小学、幼儿园等教育设施非常重要，67.25%的受访居民认为小百货超市、菜市场等便民商业设施非常重要，65.48%的受访居民认为绿地、小广场等户外活动场地非常重要。受访者总体认为，各项基本生活服务设施可在步行5～10分钟的范围内到达。这些都是城市居住社区建设补短板要关注的问题，也是对完整居住社区建设提出的要求。

完整居住社区建设要从保障居民可步行范围内具有完整的基本生活服务配套和良好的公共环境出发，重点关注一老一小，以补短板行动实现居民生活质量和品质的提高，通过完整居住社区的建设完善城市功能、激发城市活力。

居住社区建设标准先行，《意见》提出落实完整居住社区建设标准，结合地方实际，细化完善居住社区基本公共服务设施、便民商业服务设施、市政配套基础设施和公共活动空间建设内容和形式，作为居住社区建设补短板行动的主要依据。

机制创新，提升城市基层管理能力

健全共建共治共享机制是推动管理机制高水平创新的基础。居住社区建设补短板不仅是补设施建设短板，更要围绕设施建设补服务和管理的短板，要注重居住社区建设管理体制机制的改革创新。通过引入专业化的物业服务、社区托管、组织代管或者居民自管的方式，建立物业管理服务信息平台，实现精细化、智能化服务。通过城市管理服务平台与物业管理平台的对接，推动城市管理进社区，使居住社区的管理服务与政府工作衔接。通过管理机制的创新，将居住社区管理由政府主导向社会多方参与转变，既发挥政府在设施建设、基本服务中的兜底保障作用，也发挥居民和社会力量的主体作用。

共同缔造，培育共同精神和内生动力

群众参与社区日常管理可增强社区凝聚力，促进社区共同精神的培育。在完整居住社区建设中，通过引导企业、社区居民开展共建共治共享活动，激发居民对亲自动手改造空间的自发管理和维

护意愿，能为后续的运行管理奠定良好基础，也能增强社区居民的参与感和获得感。

对此，《意见》提出以开展居住社区建设补短板行动为载体，大力推进美好环境与幸福生活共同缔造活动，搭建沟通议事平台，充分发挥居民主体作用，推动实现决策共谋、发展共建、建设共管、效果共评、成果共享。

发挥居民共建共治共享的主体作用，能够引导居民真正融入居住社区建设和管理中，激发居民的"主人翁"意识。通过引导各类专业人员进社区、培训并建立社区能人、发布居民公约等举措，有助于动员居民实现自我管理、自我服务，引导社区文化和特色化建设，使居住社区具有可持续发展的内生动力。

建设完整居住社区是从微观层面构建一个规模适宜、功能完善的基本细胞，从而调整优化城市结构、完善城市功能、激发城市活力，从根本上解决城市病问题，推动城市转型发展。在居住社区建设补短板行动过程中，重在建设美丽家园、凝聚社会共识、塑造共同精神。但也要认识到，实现居住社区精细化管理的路还很长，需要我们坚定地走下去。

（原文刊登于《中国建设报》2020年9月3日）

2 以完整居住社区建设驱动社区治理

李　郇　中山大学地理科学与规划学院教授、博士生导师
　　　中山大学中国区域协调发展与乡村建设研究院院长

居住社区是城市居民生活和城市治理的基本单元，是党和政府联系、服务人民群众的"最后一公里"，因此，城市居住社区建设要更好地为社区居民提供精准化、精细化服务。在推进国家治理体系和治理能力现代化的大背景下，社区治理在居住社区建设和发展中的作用更加突出。2020年8月，住房和城乡建设部等部门印发了《关于开展城市居住社区建设补短板行动的意见》，提出建设让人民群众满意的完整居住社区。我认为，要把完整居住社区作为一种社区治理的愿景来看待。

重塑社区治理空间

"社区是一个治理空间。"作为一种治理空间，它的形式和方法与传统意义上的空间概念、社区概念有所不同。20世纪初，芝加哥学派最早开始讲社会生态分析的时候，就是把城市作为一种社会群体来看待的，而这种社会群体是社区内人员一直处在相互竞争、淘汰、演替和不断构建一个社区优势的过程。芝加哥学派注重社会群体，强调群体内部所产生、体现出来的社会关系，而这种社会关系相互作用变化又引起了人口和社会的变化。与传统生态不同，决定竞争结果的因素不只是参与者的实力，还包括竞争的规则（制度）、社会关系受制度规则的影响等。西方城市的绅士化现象是城市社区演变的一个重要延伸，涉及老旧小区改造、老旧社区更

新发展等内容。

20世纪中后期，新马学派出现，它强调生产空间，这个生产空间、城市空间是在全球化背景下紧密联系起来的，所谓的社区空间也是生产关系的一种影射。这种生产关系体现了资本主义的消费和阶级关系，也使得整个生产模式和空间结构越来越趋同，出现了"千篇一律的商品房景观、迪士尼式的主题公园"。城市面临的问题是越来越极具生产功能而缺乏生活活力。

从"天人合一"思想来看，我国自古就讲求人与自然之间的关系。古代儒家思想是希望通过自然的有序关系来实现社会生活的有序关系，因此在选择居所的时候，都是把自然和人、自然和用于居住的物质空间紧密、协调、有机地结合在一起，形成了人和自然和谐统一的生产和生活状态。在乡村，我们能够清楚地看到早期聚落形成的一套自然体系，而这套思想体系也长期存在每个人的脑海中。

在中国的传统文化中，邻里是组成社会的基本单位，人们是从伦理本位的角度去看待这种邻里关系。"里仁为美""睦邻友好"也是把邻里作为管理社会关系的一种基本单位。在乡村建设中，邻里是根据一定的地缘关系建立起来的一种社会联络关系，是传统中国重要的人文关系。建立物质空间就是为了建立良好的人际社会关系，这也是做规划建设的时候希望实现空间有序的重要原因。

经济学家约瑟夫·斯蒂格利茨在谈及转型的本质时，引用了波兰尼的"嵌入"概念，认为转型不仅仅是经济的转型，更是社会的转型。经济与社会关系的变化，将对城市经济转型发展带来直接影响，当经济与社会脱钩时，会引发一系列社会问题。因此，在计划经济向市场经济演变的过程中，应该追求经济与社会关系的相互嵌套，促使经济、社会共同发展，形成所谓的治理问题，即把社会问题嵌入现代建设过程中。事实上，在现代社区构建中所遇到的问题是在快速城市化过程中，社会开始趋于原子化了。在原子化的过程中，整个城市社会体系成为一种物质体系而非人与人之间的关系体系。此外还有单位社区的解体，人们难以适应一种无管理、无主体的管理体系，在社区发展过程中陷入一些由少数人或利益团体主导的境地。即使在乡村传统的社区里，这种人与人之间的关系也愈发趋于冷漠。因此在原子化社会之下，如何把物质空间建好，重新把关系黏合起来，重构美好社会关系，是当前面临的一个重要任务。

社区重构的特征主要是强调治理空间的重要性，多元主体围绕空间实现社会资源的再分配，以解决社会问题。在此应处理好国家、企业、居民在社区中的资源分配，用三者之间的关系去解决这类社会问题和城市发展的空间问题，把空间作为一种解决社会问题的手段。经济学家弗里德曼认为，现代城市发展是政府、企业与公众主体通过治理共同建设美好社区的过程。他将三者进行角色分类，政府对城市建设决策产生约束力，部分必须由政府提供服务并进行管理；企业通过资本进入；公众最了解社区事务，又是社区建设最大的受益者，是社区治理最重要的主力。因此在城市发展和社区治理中，需要推动这三者力量发展，三者力量的均衡能使整个城市和社区实现有序发展。

社区治理的困境与路径

当前，社区治理面临一系列问题。城市土地所有权和使用权分离，社区公共产品供给的市场化程度不断提高，居民物权意识崛起，历史遗留问题带来产权主体趋向多元，产权空间破碎，进一步导致较高的交易成本。当面临拆迁改造，政府、开发商与居民之间就产权的确权与交换的过程就变得尤为复杂而漫长。

此外，"单位制"改革后，一些老旧社区缺乏有力的管理主体，从过去以普通街道居民区、单位大院社区和农村社区为主的社区类型和邻里关系转变为各类商品房小区、房改房小区、回迁房小区、新型农村等社区类型和邻里关系。老旧社区在经历单位制改造、去福利化以后，如何适应市场多元供应，需要一个长期的思想转变。还有一些社区，由于历史文化破坏严重、过度商业化等原因，面临发展困境，脱离了社会关系形成的空间。

政府管控的边界难以把握。旧城区改造是经济问题、社会问题、民生问题与空间问题的复合。政府管控不到位容易造成居民利益受损，管控过多则无法发挥市场和社区主体的力量，因此如何判定政府、社会和企业边界尤为重要，这也是当前推进城镇老旧小区改造工作面临的问题之一。

在建设完整居住社区过程中，要回归以"人"为核心的社会和城市发展逻辑的本源。当前空间已经成为解决社会矛盾的载体，空间建设成为城市发展、城市规划、城市更新的主要内容。实际上，不仅要重视空间建设，更要关注空间与社区、人的关系。社区不再一味商品化，更多强调有效治理，才是完整居住社区的应有之义。

针对当前社区治理存在的诸多问题，需要以问题为导向，从以往的城乡社区的工程建设向空间治理转型，从项目规划建设到强调结合社会和人进行精细建设管理，完整居住社区要强调人的作用，形成有效的空间治理。中国科学院、中国工程院院士吴良镛先生最早提出完整社区概念时，认为完整社区是真正的社会共同体，强调以认同感、归属感为纽带，形成解决社会原子化问题的基础方法。以往30多年的城乡社区规划更注重社区的物质空间建设，而完整社区要求将物质空间的建设和社会空间重构相结合。完整社区将治理体系贯穿在完整社区规划、建设、管理和群众享有等全方面。完整社区要求处理好政府、市场与居民的关系，仅依赖社会个体难以克服当前社会问题，完整社区理顺国家、企业、居民三者的关系，成为解决社会问题的关键模型。它有一个合理的边界和规模，《关于开展城市居住社区建设补短板行动的意见》对此有所界定，即以居民步行5～10min到达幼儿园、老年服务站等社区基本公共服务设施为原则，以城市道路网、自然地形地貌和现状居住小区等为基础，与社区居民委员会管理和服务范围相对接，因地制宜合理确定居住社区规模，原则上单个居住社区以0.5万～1.2万人口规模为宜，这个规模确定了一个对各方来说比较合理的边界。

作为有效的治理空间，完整居住社区建设需要做到以下几点：一是明确以居民为主体，发挥居民在社区规划建设中的作用，优先满足、充分保障"一老一小"的需求，真正做到"人民城市为人民"；二是完整居住社区要区分老旧小区和新建住宅小区，坚持因地制宜的原则，更好地解决设施配套问题；三是结合地方实际落实空间建设标准，这是对完整居住社区"硬件"建设的基本要求；四是塑造社区认同感、归属感，这是完整居住社区"软件"建设的核心内容；五是健全共建共治共享的治理机制，为完整居住社区可持续发展提供保障。

具体来说，与政府的管理边界相对应的是治理主体，老人和小孩是在社区中活动时间最长的人，满足"一老一小"的需求能够带动整个家庭参与到社区建设中来，以此夯实居民作为参与建设主体的角色。结合地方实际落实社区建设标准，是完整居住社区"硬件"建设的基本要求，但值得注意的是在实施过程中往往会被过度商业化，服务功能被理解为简单的商业化功能，这类问题使整个社区出现治理上的不完整。塑造社区认同感、归属感，是完整居住社区"软件"建设的核心内容。除了老旧小区，我国很多社区开始进入建成15年、20年以上的发展历程，电梯老化、物业失管、设施不足等问题开始涌现，居民之间也出现了原子化的状态，无法形成一个完整整体。建设完整居住社区，通过整个社区治理、建设参与的过程，使居民成为一个整体，通过各种各样的社区活动培育共同爱好、共识和兴趣，从而形成特色鲜明的社区文化。社区的长效治理需要一套共建共治共享的机制，对建设完整居住社区来说，美好环境与幸福生活共同缔造是有效的构建方法。

美好环境与幸福生活共同缔造是建设完整社区的方法论，在党的领导下，政府、群众、规划师及社会组织协商共治、合作共建美好人居环境的行动方法，是实现完整社区共建共治共享的有效途径。通过"决策共谋、发展共建、建设共管、效果共评、成果共享"，打通群众参加共同缔造的渠道，真正发挥居民群众的主体作用——从群众身边的小事、重要事做起，让居民亲自参与到身边的社区规划建设中，并切身体会共同缔造带来的环境变化。

美好环境与幸福生活共同缔造在各地的实践中证明是有效的，辽宁省沈阳市牡丹社区老旧小区改造是典型案例之一。

牡丹社区是典型的单位制社区，社区中将近80%的居民为沈阳飞机工业集团职工及家属，集体认同感强烈。为了顺利进行改造，社区专门成立了办公室，构建纵向到底的机制，组建共同缔造工作坊，组织群众共同寻找问题。同时建立社区大党委，推动党建与群团组织的协作，动员社会资源，多方筹资，采用"先付钱后认账再转移"的政府协调模式，引领社区大党委成员积极认领改造项目，同时协调产权纠纷问题，通过项目改造推进"大党委"下各组织机构的协调合作。

在共同缔造的过程中，牡丹社区通过组建包括沈阳飞机工业集团等在内的"大党委"，发挥其在统筹区域力量上的优势，为社区提供一处闲置锅炉房。社区又通过"大党委"下的工会投入、企业赞助等方式，对锅炉房进行了改造，并提供了一处660m²的"友邻之家"，兼具多项活动功能。在改造过程中，牡丹社区还以沈飞产业文化为载体，发动群众深挖沈阳飞机工业集团特有的航空报国文化，以"共同记忆唤醒共同意识"为切入点，通过组织居民制作"沈飞老故事"明信片、创作"牡丹之歌"、拍摄"牡丹共同缔造"微电影，传承历史文化。

共同缔造本质上是一种治理方法，在实践过程中不仅为居民开辟了更多的活动空间，提供了更多的活动选择，而且使居民有效组织起来，活动更加有序、生活更加丰富、邻里关系更加和谐，这也给建设完整居住社区带来很多启发。

（原文刊登于《中国建设报》2021年2月25日）

3　关注精细度和持续活力　统筹推进居住社区补短板

薛　峰　中国中建设计集团有限公司总建筑师
住房和城乡建设部社区建设专业委员会委员

改革开放40多年来，我国城市居住社区建设的"上半场"取得了巨大成就，满足了以"住"为主的基本需求。但居住社区作为城市居民生活和城市治理的基本单元，还存在规模不合理、设施不完善、公共活动空间不足、物业管理覆盖面不高、管理机制不健全等突出问题和短板，与人民日益增长的美好生活需要还有较大差距。此次《意见》的出台，针对这些问题进一步明确了总体要求、重点任务、制度抓手和落实传导机制，为更好地补齐既有居住社区建设短板，确保新建住宅项目同步配建设施迈出了坚实一步。

我认为，可以从三个方面来理解《意见》出台的背景、意义及亮点。

一是城市居民大部分时间是在所居住的社区中度过，尤其是老年人和儿童在社区的时间最长、使用设施最频繁，且步行能力有限，是居住社区建设应优先满足、充分保障的人群。根据社会调查，老年人步行速度、耐力随着身体机能衰退而有所下降，步行到达社区养老设施、医疗设施、小超市、菜市场、公共活动场地的时间不宜超过10min。根据联合国儿童基金会发布数据，0～6岁儿童步行活动距离在200m以内，6～12岁儿童步行活动距离在400m以内。儿童步行到达基础教育设施、便利店、户外活动场地的时间不宜超过10min。所以，《意见》以居民步行5～10min的范围，合理确定了居住社区的规模。

二是建设完整居住社区，就是对城市空间进行重构，保障居住社区在居民可步行的范围内具有完整的设施环境、完备的生活服务和完善的管理机制，满足居民生活的基本需求。自20世纪90年代起，我国很多的居住社区圈地、围墙、挤占公共设施和空间，致使公共资源无法共享，公共活动空间无法连贯，公共设施不成体系。所以，既要确保新建住宅项目按照国家标准《城市居住区规划设计标准》和相关地方标准同步配建设施，也要结合地方实际，细化完善既有居住社区基本公共服务设施、便民商业服务设施、市政配套基础设施和公共活动空间建设内容、形式和标准，因地制宜补齐建设短板。

三是居住社区建设不仅包括硬件，还包括软件，居住社区具有可生长的共同文化和精神，应从居住社区全寿命周期出发，健全共建共治共享的共同缔造机制。随着新城区大规模建设、老城区不断改造，城市居住社区取代原有的单位大院，原有的熟人社会关系网络发生改变，邻里守望相助的功能减弱，人与人之间的心理距离拉大，同时还不断涌现出人口老龄化、公共安全等问题。建立居住社区长效运行服务机制，通过开展"美好环境与幸福生活共同缔造"社会实践活动，修复社会关系和邻里关系，营造具有共同精神的社区文化，增强居民对居住社区的认同感、归属感，从而打通城市管理和城市治理的"最后一公里"。

城市居住社区建设补短板要有标准，《意见》明确了以《完整居住社区建设标准（试行）》作为开展城市居住社区建设补短板行动的主要依据。此外，还有几个问题需要注意。

一是整体统筹，规划在先。既有居住社区可利用的存量空间有限，资源碎片化，在有限的资源空间内要统筹好公共活动空间、植被保护、停车空间、服务设施实属难事。补齐设施短板应"规划设计先行，统筹运营，一区一策，系统实施"，通过统筹片区整体资源，进行"再规划"布局，有效利用各种资源，完善各类公共服务设施和便民商业服务设施。"补短板"不仅仅是硬件设施的补齐，更是优质运行服务资源的统筹配置。

没有条件增设相关设施的居住社区，可通过配置无人智慧便利店、智慧超市柜、箱体早餐点、智慧图书柜、箱体公共卫生间等集成装配舱体设施，补齐配套服务设施不足。同时，应注重地下空间的有效利用，结合社区内建筑和场地的原址拆除翻建和环境整治，统筹利用地下空间配置服务设施。

随着生活水平不断提高，居民对社区文化、体育健身等设施有了进一步的需求，规划建设应配置社区图书馆、体育馆，以及5人制足球场、篮球场等多功能球类运动场地。同时需系统策划运行实施方案，避免出现"重建设，轻运营"的现象。

二是关注新型服务设施需求。人工智能、大数据与5G（第五代移动通信技术）网络正在重组着传统社区的设施系统和需求。随着社会和经济的发展，生活水平不断提高，社区服务需求也在发生着变化，大量新型服务设施不断涌现。比如，为满足居民日常网购需求，可以配置快递接收点，以及"无接触式配送"智能末端配送设施，提供网购快递到户、外卖送餐到户等服务。

当前，社区居民对信息服务类、学习培训类、健康服务类、邻里互助共享类、文艺活动类、居家办公和创新创业类等新型服务设施有了更进一步的需求。针对于此，应关注居住社区数字博物馆、数字图书馆、智慧机房、智慧停车、社区邻里共享学堂、共享厨房、共享书吧以及共享健身房等社区共享服务设施的配置，推动线上线下服务，补齐居民对居住社区新型服务需求的短板。

三是关注全龄友好"精细度"。根据调研数据，我国现有约2.5亿老年人和8500万残障人士，儿童约占人口的三分之一，97%以上的老年人在社区和居家养老。特别是很多老旧小区，半数以上居民是老年人。所以，应设计更友好的公共空间和公共设施，通过人性化、精细化的设计，为老年人、残障人士、儿童等提供安全、方便和舒适的全龄友好无障碍生活环境以及便利的服务设施。

全龄友好的公共空间应将公共活动场地、慢行系统、无障碍设施、环境卫生、应急避难场所、技防物防、社区标识等进行系统性精细化设计。设置畅行连贯的社区慢行系统，使得社区、城市道路和城市公园等形成点、线、面的系统接驳，并依托居住社区内各类公共绿地、居住社区内生活性支路步行道等形成连续、安全的健身步道，让人们更多地在阳光下活动。应保证居住社区出入口与周边城市道路和公共交通站点无障碍接驳，设有连贯社区公共绿地、公共活动场所、各类配套服务设施和住宅的无障碍人行道系统。

口袋公园和微广场等是体现居住社区特色的"百姓身边微空间"，这些微空间并不是要"大设计"，而是通过空间界定、小品、设施、绿植等进行高精细度的"微设计"，延续和创造居住社区特色和活力。高精细度的"微设计"是对居住社区人性化生活全要素的诠释，如缘石坡道、人行护栏、环境家具、宣传栏、儿童游戏器具、健身器械、路灯、垃圾桶、休息座椅、地面铺装、树木种植池、减速标识、停放位（架）等设施都要作为精细化设计的要素，才能提升社区每一个角落设计的"精细度"。

四是关注"微改造"带来的持续活力。据统计，我国建筑平均寿命远远低于发达国家，其中很大的原因是存在功能和性能无法满足要求而拆除的现象。所以，为避免大拆大建，"微改造"将会伴随在居住社区的全寿命之中。建筑师和规划师的工作不只是做完项目，而应该更加关注居住社区持续生长过程中不断的"微改造"。与居民共同参与介入式"微改造"，为居民提供陪伴式专业咨询，通过对微空间、微设施、微交通、微环境等不断进行提升改造，才能持续提升其公共空间、设施和住房的性能品质，使得居住社区随着时间的延续，处处保持设计所带来的可持续生命活力。当前，我国很多城市针对既有居住社区治理和全面提升社区环境品质，建立了社区责任规划师等机制，取得了很好的实际效果。随着城市居住社区建设补短板行动持续推进，未来居住社区将更有活力和生命力。

（原文刊登于《中国建设报》2020年9月3日）

4 居住社区建设要格外重视养老设施补短板

刘燕辉　中国建筑设计研究院顾问总建筑师
中国老年人健康环境专业委员会主任委员

居住社区是城市居民生活和城市治理的基本单元，是党和政府联系、服务人民群众的"最后一公里"。经过40多年改革开放，人们在个体家庭居住水平得到充分提升的基础上，对群体居住环境提出更高要求，这符合社会发展阶段和人民日益增长的美好生活需求。住房和城乡建设部等13部门联合开展城市居住社区建设补短板行动，契合了这一发展趋势。

住宅和社区有其自身的发展规律和发展周期，如果以30～40年为一个周期，开展城市居住社区建设补短板行动正逢其时。在快速的城镇化进程中，三四十年前建设社区时很难预见到现如今的"停车难"问题。在当时，60m²的户型对很多家庭来说算是居住面积较为宽敞，而在今天已是小户型；更不用说预见到快递进社区、"广场舞"空间成为刚需。在城市发展中，必须直面时代和历史局限性所带来的各种问题，这也正是补短板的意义所在。

《意见》提出以《完整居住社区建设标准（试行）》作为开展居住社区建设补短板行动的依据，其目标具体、可操作，便于各级政府执行和居民共同参与。《意见》明确，到2025年基本补齐既有居住社区设施短板，新建居住社区同步配建各类设施，城市居住社区环境明显改善，共建共治共享机制不断健全，全国地级及以上城市完整居住社区覆盖率显著提升。经过5年的努力，这项工作可以取得阶段性的成果，也便于总结经验。

《意见》由13个部门联合发出，充分体现了坚持以人民为中心的发展思想，完整居住社区建设不仅仅是场地和硬件方面的完善，更应该体现在软件和人文关怀方面。其中，在补短板方面突出了对老龄社会和适老化改造的关注，我认为这是短板中的短板，必须得到充分重视。社区中的老年人是弱势群体，也是最希望得到关怀的群体，老年社会是当前社区建设的时代背景，通过有效的补短板行动，一定能让社区成为老年人安享晚年的幸福家园。

（原文刊登于《中国建设报》2020年9月3日）

5 关注公共设施聚焦一老一小 推动居住社区建设补短板

于一凡 同济大学城市规划系教授、博士生导师
住房和城乡建设部城乡规划标准化技术委员会委员、
科学技术委员会社区建设专业委员会委员

党中央、国务院高度重视城乡人居环境改善工作。2020年7月，国务院在《关于全面推进城镇老旧小区改造工作的指导意见》中明确提出了提升社区养老、托育、医疗等公共服务水平，推动建设安全健康、设施完善、管理有序的完整居住社区的建设要求。近日，住房和城乡建设部等13部门印发《关于开展城市居住社区建设补短板行动的意见》，同时发布《完整居住社区建设标准（试行）》（以下简称《标准》），明确提出以完善居住社区配套设施为着力点，大力开展居住社区建设补短板行动，提升居住社区建设质量、服务水平和管理能力。《意见》不仅是对国务院指导意见作出的积极响应，更在全国范围内吹响居住社区更新行动的号角，对于城市宜居环境建设至关重要，对于每个家庭、每个居民的生活质量亦有举足轻重的影响。

开展居住社区建设补短板行动具有很强的现实意义。尽管近年来我国城镇居民的居住条件得到了很大改善，但在地区之间和社区之间仍然存在着不同程度的发展不平衡、不充分的矛盾，亟待从公共设施配套、公共活动空间、社区治理等方面实现均衡发展。近年来，住房和城乡建设部在福建、广东、辽宁、湖北、青海等省的部分市（县）陆续开展了美好环境与幸福生活共同缔造活动，探索共同缔造的长效机制。可以说，《意见》是在前期实践基础上的总

结和提炼,《标准》则是在广泛摸底的基础上针对居住社区建设补短板、强弱项开出的处方。

与此同时,近年来,全社会对居住社区规模、形态、配套和管理等产生了很多讨论,既反映出进入新时代以来人们对美好生活的多样化追求,也凸显着人居环境和城市管理迈进精细化发展阶段的迫切需求。尤其是经历了2020年年初以来新冠肺炎疫情的冲击,疫情防控期间物业管理、公共服务和空间环境对保障居民日常生活发挥了关键作用,使人们愈发认识到完整居住社区对保护生命安全、维持基本生活活动、满足日常生活需求的重要价值。

综合来看,我认为《意见》和《标准》有四大亮点。

亮点一: 关注公共设施

《意见》着重从提升基本公共服务设施、便民商业服务设施、市政配套基础设施和公共活动空间等角度出发补短板、强弱项,要求各地结合自身实际情况,按照《标准》的技术要求,重点针对社区综合服务站、幼儿园、托儿所、老年服务站和社区卫生服务站等完善基本公共服务设施,针对综合超市、邮件和快递寄递服务设施等完善便民商业网点,充分反映了对当前居住社区主要矛盾的把握,立足于对与人民群众日常生活最密切、最现实的问题采取行动,体现了高度务实的态度。

亮点二: 聚焦一老一小

面对人口老龄化的严峻挑战和家庭生活方式、儿童养育模式的变化,《意见》明确提出了促进居家养老服务设施和幼儿园、婴幼儿照护设施的规划设计要求与配置标准,对居住环境的无障碍设施、道路、绿地、活动场地等空间提出了全龄友好的设计要求。加强对"一老一小"的服务保障和环境支持，不仅与每个家庭息息相关，更充分反映了《意见》对当前居住社区需求结构特征的把握和对弱势群体的关爱，体现了全龄友好、社会公平和持续发展的思想内涵。

亮点三：促进旧区更新

国务院常务会议、政治局会议等重大会议多次对城镇老旧小区改造作出决策部署，要求全面推进城镇老旧小区改造工作。现阶段，我国城镇居住社区大体有三种类型共存：中华人民共和国成立之前遗留下来的民居，如北京的胡同、上海的里弄；中华人民共和国成立初期到住房体制改革之间建成的单位公房，如企事业单位大院和工人新村；住房体制改革以来建成的商品房、保障房和公租房等。不同阶段形成的居住社区不仅在环境品质、公共设施配套方面存在差别，相应的物业服务和管理模式也不尽相同。就当前城市人居环境的状况而言，部分地区的居住社区环境安全、健康和基本公共服务配置问题仍然比较突出，人民群众对空间环境、公共服务和社区治理水平的满意度还有待提高。《意见》抓住了当前的主要矛盾，坚持以人民为中心，把握改造重点，强调因地制宜，鼓励创新和多种模式，致力于建设好服务人民群众的"最后一公里"。

亮点四：强调共同缔造

完整居住社区的含义不仅包含完备的设施和宜居环境，也包含整体管理，主要目标是培育行动者、组织者和居民之间的协调、责任和信任，建设共建、共治、共享机制，结合生活圈的建设，积极引导社会力量参与完整居住社区的建设。《意见》要求各地加强组织领导和部门协调、促进社会力量和居民广泛参与，通过决策共谋、发展共建、建设共管、效果共评、成果共享，推进人居环境建设和整治由政府为主向社会多方参与转变，打造新时代的居住社区管理新格局。

完整居住社区的建设不仅是对居住环境的精心规划与设计，从而满足人民群众的美好生活需求，也是一项系统的社会工程，通过整合协调责任、信任等治理机制，实现社区精神与凝聚力的塑造。在社会整体转型的今天，建设"完整居住社区"正是从微观角度出发，进行社会和空间的重构，通过对人的基本关怀，维护社会公平与团结，最终实现和谐社会的理想。本次城市居住社区建设补短板行动不仅顺应了人民群众对美好环境与幸福生活的追求，也表明了相关部门促进发展成果更多、更公平地惠及全体人民的决心，令人备感鼓舞。

（原文刊登于《中国建设报》2020年9月3日）

6 指引新时期居住社区建设 营造共建共治共享的幸福家园——《完整居住社区建设指南》解读

中国城市规划设计研究院 编制组

社区是城市社会最基础的单元和细胞，与居民生活息息相关，社区环境的好坏直接影响着城镇居民生活的体验和质量。为满足新时代人民群众对美好生活的需求，指导各地统筹推进完整居住社区建设工作，住房和城乡建设部在总结厦门、沈阳等地创新实践的基础上，组织编制了《完整居住社区建设指南》，指导各地统筹推进完整居住社区建设工作。

《指南》编制基于面向社区、服务群众的基本原则，综合考虑了建设内容和不同群体需要，源于实践并以简明易读的手册形式编写，明确了完整居住社区的概念和内涵，提出了完整居住社区建设的基本要求，对《完整居住社区建设标准（试行）》（以下简称《标准》）中规定的6大类、20项建设内容通过图文并茂、直观清晰的方式明确了建设指引。编制组结合30个省、自治区、直辖市，60余个城市，超过200个老旧小区调研情况，通过7567份网络调查问卷分析以及总结厦门、沈阳等地经验的基础上，深入研究我国居住社区建设存在的现实问题和建设方向，完成了《指南》编制工作。

现已印发的《指南》具有以下特点。

问题导向，找准居住社区建设短板

居住社区普遍存在规模不合理、设施不完善、公共活动空间不足、物业管理覆盖面不高、管理机制不健全等突出问题和短板，以社区为核心推动城市基本生活单元的更新改造是一项迫切的任务，以安全健康、设施完整和管理有序为目标精准发力，加快补齐既有居住社区设施短板，提升居住社区建设质量、服务水平和管理能力。

标准先行，提高居民生活质量和品质

完整居住社区是指在居民适宜步行范围内有完善的基本公共服务设施、健全的便民商业服务设施、完备的市政配套基础设施、充足的公共活动空间、全覆盖的物业管理和健全的社区管理机制，且居民归属感、认同感较强的居住社区。

《指南》在《标准》的基础上细化完善了各项设施的建设要求，对建设原则、功能布局等提出明确的建设指引，具有较强的指导性和可操作性。重点从保障社区老年人、儿童的基本生活出发，提出配套养老、托幼等基本生活服务设施的标准，促进公共服务的均等化，提升人民群众的幸福感和获得感。

机制创新，提升城市基层治理能力

近年来，城市社区空间的治理成为关注重点，完善的社区治理机制是构建社区环境体系、服务体系的重要保障，社区基层治理能力的提升可以夯实我国城市治理的基础。

《指南》围绕设施建设补服务和管理短板，提出物业管理全覆盖、健全社区管理机制等实操方法。通过居住社区治理机制的创新，打通城市管理和城市治理的"最后一公里"，促进构建纵向到底、横向到边、共建共治共享的城乡治理体系。

建设完整居住社区，是从微观角度出发构建规模适宜、功能完善的基本细胞，从而优化调整城市结构、完善城市功能、激发城市活力，有效促进解决城市病问题，推动城市转型发展。完整居住社区的建设是一项系统的社会工程，《指南》的印发能够有效地指导各城市和社区制定实施计划、明确建设目标和建设要求。各地应重在建设美丽家园、凝聚社会共识、塑造共同精神，因地制宜长效推进完整居住社区建设。

（原文刊登于《中国建设报》2022年1月18日）

附录1　相关政策文件一览表

序号	名称	发布部门	发布日期
1	《关于深入推进城市执法体制改革改进城市管理工作的指导意见》	中共中央 国务院	2015年12月24日
2	《关于加强和完善城乡社区治理的意见》（中发〔2017〕13号）	中共中央 国务院	2017年6月12日
3	《关于学前教育深化改革规范发展的若干意见》	中共中央 国务院	2018年11月7日
4	《关于新时代推动中部地区高质量发展的意见》	中共中央 国务院	2021年4月23日
5	《关于发展城市社区卫生服务的指导意见》（国发〔2006〕10号）	国务院	2006年2月21日
6	《无障碍环境建设条例》（国务院令第622号）	国务院	2012年6月28日
7	《关于促进快递业发展的若干意见》（国发〔2015〕61号）	国务院	2015年10月26日
8	《物业管理条例》（国务院令第379号，第三次修订）	国务院	2018年3月19日
9	《关于加快电动汽车充电基础设施建设的指导意见》（国办发〔2015〕73号）	国务院办公厅	2015年10月9日
10	《关于推进电子商务与快递物流协同发展的意见》（国办发〔2018〕1号）	国务院办公厅	2018年1月23日
11	《关于推进养老服务发展的意见》（国办发〔2019〕5号）	国务院办公厅	2019年4月16日

序号	名称	发布部门	发布日期
12	《关于在全国地级及以上城市全面开展生活垃圾分类工作的通知》	住房和城乡建设部等	2019年4月26日
13	《关于促进3岁以下婴幼儿照护服务发展的指导意见》（国办发〔2019〕15号）	国务院办公厅	2019年5月9日
14	《关于加快发展流通促进商业消费的意见》（国办发〔2019〕42号）	国务院办公厅	2019年8月27日
15	《体育强国建设纲要》	国务院办公厅	2019年9月2日
16	《关于基层医疗卫生机构在新冠肺炎疫情防控中分类精准做好工作的通知》（国卫办基层函〔2020〕177号）	国家卫生健康委办公厅	2020年3月17日
17	《关于全面推进城镇老旧小区改造工作的指导意见》（国办发〔2020〕23号）	国务院办公厅	2020年7月20日
18	《关于开展城市居住社区建设补短板行动的意见》（建科规〔2020〕7号）	住房和城乡建设部等	2020年8月18日
19	《关于加强全民健身场地设施建设发展群众体育的意见》（国办发〔2020〕36号）	国务院办公厅	2020年10月10日
20	《关于加强和改进住宅物业管理工作的通知》（建房规〔2020〕10号）	住房和城乡建设部等	2020年12月25日
21	《关于促进养老托育服务健康发展的意见》（国办发〔2020〕52号）	国务院办公厅	2020年12月31日

附录2 相关标准规范一览表

序号	名称	发布部门	施行日期
1	《城市居住区规划设计标准》GB 50180—2018	住房和城乡建设部 国家市场监督管理总局	2018年12月1日
2	《建筑与市政工程无障碍通用规范》GB 55019—2021	国家市场监督管理总局	2022年4月1日
3	《城市工程管线综合规划规范》GB 50289—2016	住房和城乡建设部 国家质量监督检验检疫总局	2016年12月1日
4	《城镇老年人设施规划规范（2018年版）》GB 50437—2007	住房和城乡建设部 国家市场监督管理总局	2019年5月1日
5	《生活垃圾分类标志》GB/T 19095—2019	国家市场监督管理总局 中国国家标准化管理委员会	2019年12月1日
6	《住宅小区安全防范系统通用技术要求》GB/T 21741—2021	国家市场监督管理总局 中国国家标准化管理委员会	2021年12月31日
7	《公共体育设施室外健身设施应用场所安全要求》GB/T 34284—2017	国家质量监督检验检疫总局 中国国家标准化管理委员会	2018年4月1日
8	《健身器材和健身场所安全标志和标签》GB/T 34289—2017	国家质量监督检验检疫总局 中国国家标准化管理委员会	2018年4月1日
9	《公共体育设施室外健身设施的配置与管理》GB/T 34290—2017	国家质量监督检验检疫总局 中国国家标准化管理委员会	2018年4月1日

续表

序号	名称	发布部门	施行日期
10	《城市社区多功能公共运动场配置要求》GB/T 34419—2017	国家质量监督检验检疫总局 中国国家标准化管理委员会	2018年5月1日
11	《城市环境卫生设施规划标准》GB/T 50337—2018	住房和城乡建设部 国家市场监督管理总局	2019年4月1日
12	《城市停车规划规范》GB/T 51149—2016	住房和城乡建设部 国家质量监督检验检疫总局	2017年2月1日
13	《城市绿地规划标准》GB/T 51346—2019	住房和城乡建设部 国家市场监督管理总局	2019年12月1日
14	《托儿所、幼儿园建筑设计规范》JGJ 39—2016（2019年版）	住房和城乡建设部	2019年10月1日
15	《社区老年人日间照料中心建设标准》建标143—2010	住房和城乡建设部 国家发展和改革委员会	2011年3月1日
16	《社区卫生服务中心、站建设标准》建标163—2013	住房和城乡建设部 国家发展和改革委员会	2013年7月1日
17	《城市社区服务站建设标准》建标167—2014	住房和城乡建设部 国家发展和改革委员会	2014年10月1日
18	《幼儿园建设标准》建标175—2016	住房和城乡建设部 国家发展和改革委员会	2017年1月1日

附录3 社区基本生活服务设施需求公众调查问卷

社区是我们生活、居住的家园，大家的日常生活需求在社区是否能够得到满足？是否遇到过因设施缺乏而带来的种种不便？

如何让大家生活的社区更方便、更完善、更舒适、更安全，是我们最关心的问题。为切实了解社区居民日常生活的实际需求，特组织本次问卷调查活动，以收集各地反馈的建议。调查结果有助于推动我国社区公共设施建设，从而营造更加美好的人居环境。

1. 基本信息

您所居住的城市？＿＿＿＿＿＿＿市［填空题］

2. 您的年龄段：［单选题］

○18岁以下　　　　○18～25岁
○26～35岁　　　　○36～45岁
○46～55岁　　　　○56～65岁
○65岁以上

3. 请您对社区应提供的基本生活服务设施的重要性进行评价［矩阵单选题］

	一般	重要	非常重要
小学、幼儿园等社区教育设施	○	○	○
社区助餐、日间照料等养老设施	○	○	○

续表

	一般	重要	非常重要
社区小百货超市、菜市场等便民商业设施	○	○	○
社区绿地、小广场等户外活动场地	○	○	○
社区健身馆、篮球场等体育运动设施	○	○	○
社区综合服务中心等综合服务设施	○	○	○
社区卫生服务中心、服务站等医疗保健设施	○	○	○
社区图书馆、活动室等文化娱乐设施	○	○	○

4. 您认为步行到达以下设施，可以接受的最长时间为：[矩阵单选题]

	步行5分钟以内	步行5~10分钟	步行10~15分钟
小学	○	○	○
幼儿园	○	○	○
老年人服务设施	○	○	○
便利店或小百货超市	○	○	○
菜市场或生鲜超市	○	○	○
小广场、小公园等户外活动场地	○	○	○

续表

	步行5分钟以内	步行5～10分钟	步行10～15分钟
社区综合服务中心	○	○	○
社区卫生服务站	○	○	○

5．您认为哪些便民商业设施是社区最需要配置的？ ［多选题］

　　□便利店　　　　□小百货超市
　　□餐饮店　　　　□菜市场
　　□生鲜超市　　　□水站
　　□理发店　　　　□洗衣店
　　□修鞋店　　　　□书刊杂志店
　　□银行网点　　　□药店
　　□宠物店　　　　□裁缝店
　　□房屋中介　　　□家政服务
　　□复印店　　　　□维修站
　　□花店　　　　　□照相馆
　　□蛋糕店

6．您认为社区户外活动场地和配套设施最应该有哪些类型？ ［多选题］

　　□跳广场舞的场地　　□健身器材
　　□健身步道　　　　　□儿童游乐设施
　　□休憩座椅　　　　　□公共厕所
　　□其他＿＿＿＿＿＿＿＿
　　如选择其他，请填写具体设施

7. 您认为社区体育运动设施最应该有哪些类型？ ［多选题］

　　□足球场地

　　□篮球场地

　　□羽毛球场地

　　□乒乓球场地

　　□游泳池（馆）

　　□健身房

　　□其他_____

　　如选择其他，请填写具体设施

8. 您认为社区文化娱乐设施最应该有哪些类型？ ［多选题］

　　□图书阅览室

　　□展览室

　　□小剧场

　　□书画、音乐活动室

　　□老年人活动室

　　□青少年活动室

　　□其他_____

　　如选择其他，请填写具体设施

9. 您认为社区在设施服务方面要达到哪些基本要求？ ［多选题］

　　□水、电、气、路等基础设施运行安全、良好

　　□定期保洁，公共环境干净整洁

　　□无私搭乱建，防止高空坠物

　　□活动场地开放，健身、休憩、活动等设施完好，使用安全
　　　便捷

□管理制度健全，具备应对疫情等突发事件的防控措施

□能够提供建筑与设备维修、保安、绿化、环卫等良好的物业服务

□建立良好的运行机制，社区服务人性化、信息化、智能化

□其他_____

如选择其他，请填写具体要求

10. 您认为居民应该通过什么方式参与社区日常治理：[多选题]

□发布社区生活服务需求信息

□能够顺畅接收到社区公开信息

□参加社区文化、体育等活动

□共同商议居民停车、环境治理等社区事宜

□对社区治理工作提出建议

□对社区服务进行打分或评价

□共同制定社区居民公约

□其他_____

如选择其他，请填写具体要求

11. 您认为在社区日常管理特别是应对疫情过程中，哪些组织发挥了作用？[多选题]

□街道办事处

□社区居委会

□社区工作站

□物业管理公司

□业主委员会

□其他_____

如选择其他，请填写具体名称

12. 您认为在应对疫情等突发事件中，社区应当发挥哪些作用？[多选题]

☐采集社区人口信息，建立社区安防数据，监控重点人员

☐定期对社区内公共区域进行消毒处理

☐在超市、菜市场、药店、小区出入口等开展实时监控管理

☐建立社区生活圈服务平台，提供购物、就医、出行等日常服务

☐发挥社区医院的作用，实施分级、分层诊疗

☐组织社区居民参与社区防疫工作

☐其他_____

如选择其他，请填写具体内容

图片来源

第一章

图1-1~图1-7：编制组绘

第二章

图2-1、图2-2、图2-25~图2-27、图2-46~图2-48、图2-56：编制组摄

图2-3~图2-6、图2-9、图2-10、图2-12~图2-24、图2-28~图2-45：编制组绘

图2-7、图2-8、图2-11：同济大学，于一凡提供

图2-49~图2-52、图2-55：中山大学，李郇提供

图2-53：佛山市千灯湖社区提供

图2-54：大连市住房和城乡建设局提供

第三章

图3-1~图3-4、图3-23、图3-24：中山大学，李郇提供

图3-5~图3-9、图3-11、图3-13、图3-14、图3-30、图3-31、图3-33~图3-36：编制组摄

图3-10：广东省住房和城乡建设厅提供

图3-12、图3-16~图3-20：编制组绘

图3-15：清华大学，唐燕提供

图3-21、图3-22：浙江省住房和城乡建设厅提供

图3-25~图3-27：河南省住房和城乡建设厅提供

图3-28、图3-29：江苏省住房和城乡建设厅提供

图3-32、图3-37：重庆市住房和城乡建设委员会提供